U0062575

数理逻辑的思想和方法

日月光华·哲学书系

昂扬 编著　林胜强　李晟 修订

数理逻辑的思想和方法

上海人民出版社

本书获评“复旦大学哲学学院源恺优秀著作奖”，
由上海易顺公益基金会资助出版

总　序

“日月光华，旦复旦兮”，思想之光，代代相传。在复旦哲学走过一个甲子之际，“日月光华·哲学书系”“日月光华·哲学讲堂”应运而生。这既是过往思想探索道路上的熊熊火炬、坚实基石，以砥砺后学继续前行，亦是期许未来学术反思的灿然星陈，以哲学之力去勘探人类精神应有之高度与广度。为此我们当勤力不殆。

“兼容并蓄”是哲学成长的传统。复旦哲学建系伊始，胡曲园、全增嘏、严北溟、陈珪如、王遽常等诸位先生学识渊博，其来有自，奠定了复旦哲学的根基。他们不独立门户，不自我设限；不囿于教条，不作茧自缚；而是以思想和问题为导向，兼容并蓄，博采众长，由此造就了六十年来复旦哲学的特色。诸位奠基先贤始终秉持开放而专业的态度，强调严肃的学术训练，打破学科壁垒，追寻思想脉络，力图以真切而深邃的思考达致生活之本真，捕获时代之真精神。

“时代担当”是哲学不变的使命。自改革开放以来，以思想深入时代，对时代的根本问题做出积极的求索，是复旦哲学另一鲜明特色。真正的思想探索和学术研究理应紧紧抓住与时代血脉相连的命题，提炼精华，不断对人类生存的基本问题做出回应。优秀的学者须有冷静的观察和深刻的反思，但这并不等于将自己封闭在无根的象牙塔中，而是真实切入时代命题的必备前提。切问而近思，人类的根本命题始终激荡于胸！

我们将以开放和虚心的态度来传承这些特色。“日月光华·哲学书系”不但收录了复旦哲院教师以往的代表作，也以面向未来的姿态吸纳复旦哲学人的最新力作。我们希望这一书系成为一个开放式的平台，容括从复旦求学毕业、在复旦从事教学和研究，以及到复旦访问讲学的学界同仁的优秀著作，成为推动汉语哲学界不断发展前行的引擎。“日月光华·哲学讲堂”，则希望将国内外学者在复旦所做的系列讲座整理成文，编撰成册，努力展现他们思想的源初轨迹，推进其理论贡献。以“日月光华”为平台，以学术为标尺，使国内外学者的优秀成果在共同的学术园地上得以生动呈现。这必将是一个漫长而艰难的过程，需要敞开的思想姿态、精准的学术眼光以及异乎寻常的努力与坚持。我们希望把复旦哲学“扎根学术、守护思想、引领时代”的精神风格融入这两套丛书；我们期许它们不但能透彻地刻画出思想本身的发展历程，还将在更为丰满的历史背景中探索思想的作用。唯有如此，我们的“书系”与“讲堂”才能超出一般丛书的范畴，真正成为时代精神的捕获者、诠释者、推动者和反思者。

思想薪传在任何时代都是无声、艰辛和困苦的事业，隐于“日月光华”这一个美好愿景背后的深意尤为紧要：思想的守护与传承是“旦复旦兮”的意涵所在，精神的催生与创新是生生不息的事业。“书系”与“讲堂”的出版并不是书目的简单累积，也不是论题的无序叠加，而是思想的流动和生长，是已有思想激发新思想的创造过程，是不断厘清思想限度、拓展思想疆域的漫漫求索，是幽微星火燃成日月光华的坦荡大道。在几辈学人的共同理想和不懈坚持下，既往的成果已然成为了沉甸甸的责任。由此，在决定“书系”与“讲堂”的名称时，我们选择将我们的理想标示出来，以此自勉，并期望人类趋向光明的理想，终将启迪人类的智慧，并照亮那条崎岖不平却让人甘之如饴的精神道路。

是为序。

孙向晨

二〇一六年九月于复旦

目 录

第一章 数理逻辑与人工语言 //001
第一节 自然语言与人工语言 //001
第二节 数理逻辑的思想和方法的演进 //005
第三节 人工语言对数理逻辑的影响 //011
第二章 命题演算的思想和方法 //018
第一节 真值函项 //018
第二节 重言式 //032
第三节 范式 //045
第三章 命题演算系统 //059
第一节 重言式形式系统 //059
第二节 自然推理系统与重言式公理系统 //072
第四章 直觉主义逻辑的思想和方法 //085
第一节 直觉主义逻辑的思想 //086
第二节 直觉主义逻辑的演算系统 //090
第五章 元逻辑的方法和意义 //098
第一节 演算系统的形式定理 //099
第二节 演算系统的整体性质 //111
第六章 谓词演算的思想和方法 //123
第一节 日常用语的进一步刻画 //123
第二节 翻译中的几个问题 //138

第三节　谓词逻辑的核心 //150
第四节　解释 //163
第七章　谓词演算系统 //176
第一节　谓词演算系统 //177
第二节　谓词演算系统定理和导出规则 //190
第三节　谓词演算系统的一致性和完全性 //202
第八章　哥德尔不完全性定理 //218
第一节　形式化的算术理论 //219
第二节　哥德尔不完全性定理的内容和思想 //222
第三节　哥德尔不完全性定理的证明 //228
第九章　公理化方法和形式化方法 //233
第一节　从归约法到公理化 //233
第二节　从公理化到形式化 //235
第三节　公理化与形式化的交会 //241
第十章　数理逻辑思想和方法的实践 //245
第一节　一场逻辑争论 //245
第二节　关于三段论的本质 //248
第三节　摹状词理论的要点 //253
后记 //258

第一章
数理逻辑与人工语言

数理逻辑之所以引人入胜，主要在于它采用了一整套人工符号，也正因为这个缘故，它又名符号逻辑。人工符号在物理、化学、音乐、美术等领域曾将其身影投射于物理、化学方程式和五线谱，并以其飘逸的身姿获得了人们的青睐。另一方面，正是在数理逻辑这一广阔的天地里，人工符号得以大显身手，同时也赋予数理逻辑以强大的生命力。几个不很起眼的逻辑符号经过不同的排列组合就能表达人类的各种思维规律，进而将人类思维规律囊括在一个系统中。这无疑是人类智力发展史上带有总结性的重大成果。无怪乎“用人工符号来书写逻辑法则”的设想刚公诸于众时，立即就引起了无数有志之士的兴趣，激励着不少杰出人物为之奋斗终身。而今，虽然这个大业趋于完成，可是人们对于数理逻辑中的人工语言的好奇心与兴趣仍未了结。自然语言与人工语言有什么不同？人工语言在数理逻辑的发展中起了什么作用？人工语言是否尽善尽美地表达了人类的思维规律？如此等等，这些问题从不同方面说明我们对数理逻辑中的人工语言仍有一个了解和学习的过程。

第一节　自然语言与人工语言

自然语言是指自然地随文化演化而形成的语言。与自然语言相对的，就是人工语言。两种语言各有特色和功能，不能互相取代。

一、自然语言及其特征

自然语言是人类交流和思维的主要工具，是人类智慧的结晶，是人类不同于动物的主要象征。

自然语言是人们的集体创作，并经多代传承，随着文化的进步，不断改造，逐步完善，如汉语、英语、德语和日语等，都属于自然语言。自然语言本身受到人脑语言能力的支配，伴随着人类社会而演化，具有多义性、主观性、社会性等鲜明特征。

第一，多义性特征。自然语言的多义性体现在口头表达和书面表达之中，无论是语词、语句还是语篇还是整个作品都会存在多义性的问题。我们通常所指的“相同语词表达不同概念”“相同语句表达不同判断(命题)”以及“不同语词表达相同概念”“不同语句表达相同判断(命题)”，等等，都是自然语言多义性特征的具体表现。

第二，主观性特征。即使自然语言的多义性的问题得到解决，其主观性特征所带来的问题似乎还存在较多的麻烦。同样的话语或文本(作品)，有个人主观性的差异可能会导致不同的理解，进而产生不同的反响。“一千个读者眼中就有一千个哈姆雷特”就是指人们对自然语言的理解所带来的强烈的主观性偏差。

第三，社会性特征。人的社会性决定了自然语言的社会性，人类的社会性特性，必然反映在人类语言中。人们信息交流和沟通需求的不断变化，促使人类语言(特别是自然语言)不断发展和演化。这是社会语言学研究的重要课题。

现代逻辑必然要对自然语言进行分析和处理。在作为分析和处理自然语言的工具的现代逻辑看来，自然语言表达式具有层次结构不够清晰，个体化认知模式体现不够明确，量词管辖的范围不太确切，句子成分的语序不固定以及语形和语义不对应等缺陷。

随着人类历史的发展，自然语言所具有的上述特征和不足，必然导致人类制造出另一种不同的语言，即人工语言。

二、人工语言及其特征

通常所说的人工语言是人们根据不同需要，设计制造出来的与自然语言相对应的一种语言。人工语言也是一种用于交流和思维的工具，也要在社会实践中，不断改造，逐步完善。人工语言虽然不像自然语言一样会随人类的语言文化而发展，但它们在被创造之后，却可能因而产生特定的影响力，随着人类文化如真实语言一样地演进。

与自然语言集体创造不同的是，人工语言是少数人或个人创造语言。

随着人工智能的发展，又出现了机器语言，使用机器语言，可以指使、命令各种机器，代替人类去干各种工作。为了人机对话，又出现了逻辑语言，逻辑语言成了人和机器之间的媒介，把人和机器联系起来，实现人机对话。在自然语言处理领域，人们使用计算机技术处理和理解自然语言文本。研究表明，自然语言处理可以应用于机器翻译、信息检索、语音识别和文本分类等领域。

从自然语言的视角衡量逻辑语言，其不足之处在于：

(1) 初始词项的种类不够多样；

(2) 量词的种类比较贫乏；

(3) 存在量词的辖域在公式系列中不能动态的延伸；

(4) 由于语境的缺失而使语言传达信息的效率不高。

三、人工语言与自然语言对比

自然语言与人工语言的区别在于它们的结构和特征。自然语言的结构是由语法、语义和语用组成的。语法涉及句子的结构和组织，语义涉及句子的涵义和解释，语用涉及句子的用途和目的。而人工语言则是通过编程语言和计算机语言来组织和表示信息的。其特征包括静态性、形式化和精确性等。

人工语言通常被开发为在某些情况下增强或替代自然语言的工具。例如，计算机编程语言用于编写软件程序，而简化语言用于与非母语人士或有认知障碍的人进行交流。然而，人工语言在传达复杂情感和想法方面的能力有限，而自然语言更适合这些情感和想法。为了发展人工智能，迫切需要对自然语言进行处理加工，这涉及自然语言的语音、语义、语形、语法等多维对象，通过词频统计、语音分析、语义分析、语形分析等，建立自然语言的各种资料库，以便制作各种应用软件，解决生活中的各种问题，以满足人类的各种需要。

汉语、英语为自然语言的例子，而世界语则为人造语言，即是一种由人蓄意为某些特定目的而创造的语言。不过，有时所有人类使用的语言（包括上述自然地随文化演化的语言，以及人造语言）都会被视为“自然”语言，以相对于如编程语言等为计算机而设的“人造”语言。这一种用法可见于自然语言处理一词中。与自然语言相对的是逻辑语言。自然语言是人与人的交际工具，逻辑语言是人与电脑的交际工具。认知科学认为，思维和认知是知识的逻辑运算，任何计算化的自然语言分析都主要依赖逻辑语言对这种分析的表述。研究心智表现及其运算的认知科学理论追求的是心智研究的物质体现，这最终将导致语言学研究进入自然科学研究。自然语言的高度形式化描写对计算机程序的机械模仿至关重要，但理解力模仿不同于机械模仿，它们之间的区别非常类似自然语言中形式操作与意义操作之间的不同。机械模仿涉及的是形式性质，而理解力模仿涉及的却是准语义性质。现阶段计算机以机械模仿为主并通过逻辑语言与人类的自然语言对话。

随着技术的不断进步，自然语言和人工语言之间的关系很可能会发生变化。例如，自然语言处理技术变得越来越复杂，使机器能够理解和响应自然语言输入。这项技术有可能彻底改变人们与计算机和其他机器交互方式，使得使用自然语言而不是专门的人工语言成为可能。

今天,ChatGPT 的运用就是最好的证明。

现成数理逻辑的一阶谓词演算系统由人工语言和演绎系统两部分组成。人工语言的构造只占很小的篇幅,大量的则是演绎系统的构造,但是这一套简洁精悍的语言经历了漫长的完善过程,在数理逻辑的建立和完善中起了关键作用。

第二节　数理逻辑的思想和方法的演进

就数理逻辑而言,究竟是先有形式化的思想还是先有思想的形式化,是思想的形式化重要还是形式化的思想重要?数理逻辑是怎样随人工语言的完善而完善?人工语言赋予数理逻辑什么样的性质?

一、莱布尼兹的数理逻辑思想和方法

德国哲学家、数学家莱布尼兹(Leibniz, 1646—1716)被尊称为数理逻辑第一创始人,他有一个伟大的设想,就是把思维计算化,"思维"犹如走路,需要遵循某一条路线从出发点一步一步地走向目的地。按照这个设想,科学的发展,争论的解决依于思维的正确或刻板的计算。为了实现这个想法,莱布尼兹认为必须设计一套特殊的语言来表达思维。莱布尼茨认识到好的数学符号能节省思维劳动,运用符号的技巧是数学成功的关键之一。莱布尼茨有个显著的信仰,大量的人类推理可以被归约为某类运算,而这种运算可以解决看法上的差异:"精炼我们的推理的唯一方式是使它们同数学一样切实,这样我们能一眼就找出我们的错误,并且在人们有争议的时候,我们可以简单地说:让我们计算,而无须进一步的忙乱,就能看出谁是正确的。"(《发现的艺术》1685, W 51)

莱布尼茨阐明了合取、析取、否定、同一、集合包含和空集的首要性质。莱布尼茨的逻辑原理和他的相应的哲学思想可被归约为两点:

所有的我们的观念(概念)都是由非常小数目的简单观念复合而

成，它们形成了人类思维的字母。复杂的观念来自这些简单的观念，是由它们通过模拟算术运算的统一的和对称的组合。

在莱布尼茨眼中，“阴”与“阳”基本上就是他的二进制的中国版。他曾断言：“二进制乃是具有世界普遍性的、最完美的逻辑语言。”这套语言类似于数学符号，精确一义，世界通用，适合计算。莱布尼兹虽然没有最后建成系统的人工语言，但他走过的足迹给后人以重要启示。首先，他从数学中看到了新语言的前景。在数学中有代数式、方程式、方程变形，在逻辑中有概念、判断、推理。莱布尼兹看到了两者本质上的类似。由简单符号 x，y，2，3 通过运算构成代数式“$2x3$”相当于由简单概念构成复杂概念。若用“2”表示“理性的”，用“3”表示“动物”，则 $2x3=6$，“6”即表示“理性的动物”。由公式构成方程式，相当于由概念构成判断。在“$3x=9$”中，如把“$=$”看成“是”的作用，它就变成“$3x$ 是 9”这个判断了。最后，解方程过程相当于进行三段论推理。如：

$$x+y=10$$
$$y=4$$
$$\therefore x=6$$

莱布尼兹这一深刻见解，无疑说明了这样一点：即用自然语言表达的三段论与用符号表达的数学，本质上不过是同一种思维活动。由此他设想建立更普遍的语言，从语法上刻画各种真理。

其次，他提出了普遍语言的原则是先设计出思想字母，通过字母运算构成复杂概念的符号，复杂概念的符号本身不是概念，但同相应事物保持类似的结构；最后用字母、等式排成一串作为句子符号，句子符号本身不是句子，但两个符号串之间应具有两个句子之间的某种关系。这些见解和原则是逻辑史上的宝贵遗产，一直照耀着后人前进的方向。如果说莱布尼兹没有获得成功的主要原因在于他没有创造出具体的运算符号，那么布尔则越过了这一大关。

二、布尔的数理逻辑思想和方法

乔治·布尔(George Boole, 1815—1864)被称为数理逻辑的第二创始人。布尔开创了用数学方法构造逻辑的代数传统,这个逻辑发展的传统最终演变为逻辑学从古典逻辑向现代逻辑的转折点。在逻辑学发展史上,布尔通过把数学方法引入逻辑,建立了现代形式逻辑的一种形态——布尔代数,成为现代逻辑当之无愧的开创者。现代形式逻辑得以快速发展的原因,就在于借鉴了数学的一些成果和方法。布尔作为同时兼备数学家与逻辑学家身份的学者提出了一套新的构造逻辑的方法,这种构建逻辑的方法对逻辑学的发展都十分重要且极具创意。布尔的创见与莱布尼茨的逻辑思想一脉相承,他们都试图建立一种表意而非拼音的"普遍符号语言",以此将逻辑学改造成能与数学匹敌的科学。布尔构造逻辑代数系统是为了阐释思维运算的规律以及将数学的方法运用在逻辑领域,构造逻辑的代数方法。亚里士多德(Aristotle,公元前 384—前 322)为莱布尼兹准备了三段论逻辑,莱布尼兹则为布尔拟定了人工语言的方案。布尔的研究目标十分明确,即用人工语言改写三段论逻辑,使之成为演算系统。他成功地建立了逻辑史上第一个逻辑演算系统。从此,布尔的名字和布尔代数这一学科一起载入了数理逻辑的光辉史册。布尔的工作可以分解成下列几个要点。

1. 用 x, y 表示事物类,特别用"1"表示全类,"0"表示空类。

2. 创造出$\cap$(交)、$\cup$(并)和$'$(补)三种运算符号。它们分别由算术中$\times$(乘)、$+$(加)、$-$(减)移植而来。莱布尼兹等人虽然明确意识到思维运算不外乎加减两种,但终究没有创造出符号实现这一想法,布尔把这些算子先作用在类上,事情也就容易多了。

有了这两种符号,亚里士多德命题(全称肯定命题 A,全称否定 E,特称肯定 I,特称否定 O)可以清楚地表示如下:

全称肯定命题 A:$x(1-y)=0$ (所有 x 是 y);

全称否定命题 E：$x\ y=0$　　　　（所有 x 不是 y）；

特称肯定命题 I：$x\ y=0$　　　　（有 x 是 y）；

特称否定命题 O：$x(1-y)=0$　　（有 x 不是）。

3. 为并交补运算子制定使用规则。如：

$$xy=yx,\ x\cup y=y\cup x,$$

$$z(x\cup y)=zx\cup zy,\ xx=x^2=x。$$

由 $x_2=x$，可得 $x(1-x)=0$，清晰地表示了类的不矛盾律，即不存在既在 x 中又不在 x 中的元素。

4. 创造了布尔方程。由 $y(1-z)=0$ 及 $x(1-y)=0$ 可以消去 y，解得 $x(1-z)=0$。即用演算的方法从“所有 y 是 z”并且“所有 x 是 y”得出“所有 x 是 z”。

5. 布尔还对自己的系统作了命题、概率等方面的解释。

从人工语言方面看，布尔比莱布尼兹究竟前进了多少？任何一种语言都有语法和语义两个方面。自然语言似乎偏重语义，代数公式则偏重语法。但是自然语言有语法方面，代数公式有语义方面，每一个孤立的方面都不是语言，只有两者结合才构成语言的概念。莱布尼兹高明之处在于从语法方面看到代数符号和自然语言之间的类似，从而提出普遍语言的设想；布尔却从语法和语义两个方面看问题，发现了语法规则受语义内容的制约，若修改了语法规则也就改变了语义内容。这样，代数语言便可以移植为逻辑语言，只需适当修改语法规则即可。

布尔先把代数学看成语法学，这时候他比以往数学家更抽象。在以往数学家眼里，$x+y=y+x$ 表示第一个数量与第二个数量之和等于第二个数量与第一个数量之和。但是在布尔眼里，x，y 不再是数，“+”不再是求和的运算，$x+y=y+x$ 仅仅表示“+”这个算子所服从的语法规则。换言之，$x+y=y+x$ 在布尔眼里只是一串符号 $p\cdot q=$

$q \cdot p$。其中 x，y，“＋”并没有什么意义，意义是人们另外加上去的。它可以解释成数量之和的规则，也可以解释成“属于 x 或者属于 y 等同于属于 y 或者属于 x”。

其次，布尔又从语义上观察代数学。他认识到语法规则是由语义内容来决定的。为什么我们规定 $x \cdot y = y \cdot x$，这是因为当初我们心目中把“·”看成数量和的运算。为什么规定 $x \cdot x = x^2$ 是因为我们心目中把“·”看成乘法运算，因此，如果我们想把“·”看成求类的共同元素之运算，则我们有权规定 $x \cdot x = x^2 = x$。

正因为布尔从两方面看问题，使之具有人工语言的完善因素；所以他才能把代数学上的运算“＋”“－”“x”成功地移植到逻辑上，接着又对自己的逻辑演算作了多种不同的解释。事实表明，逻辑成就与人工语言的造诣有着密切关系。布尔的语言有很大的局限性，它只对应自然语言中主谓式的一类，在语义上以概念外延关系为依据，因而在逻辑上属亚里士多德学派。它不能书写“马是动物，所以马头是动物的头”“每个人都有自己的双亲”等逻辑命题。从布尔时代跨入弗雷格时代，人们还需要努力。

三、弗雷格的数理逻辑思想和方法

弗雷格(Friedrich Frege，1848—1925)以构建历史上第一个严格的一阶谓词演算系统而被称为数理逻辑的第三创始人。数学内容有两部分，一部分是数学定理，另一部分是建立数学定理的逻辑原则。弗雷格的研究方向是创造一种人工语言，将这两部分同时表达出来，将隐藏的逻辑法则明显地表现出来，将数学定理作为逻辑的延伸构造出来。弗雷格获得了全面的成功。他在人工语言方面主要有三大贡献。

首先，弗雷格一改莱布尼兹、布尔等人以概念的外延为基础构造主谓命题、改写三段论的老套，而以命题为单位，构造更复杂的命题。两个命题就真假情况而言不外四种。

p 真　　q 真

p 真　　q 假

p 假　　q 真

p 假　　q 假

任何由 p、q 组成的复合命题都可以从这四种情况出发得到研究。他用

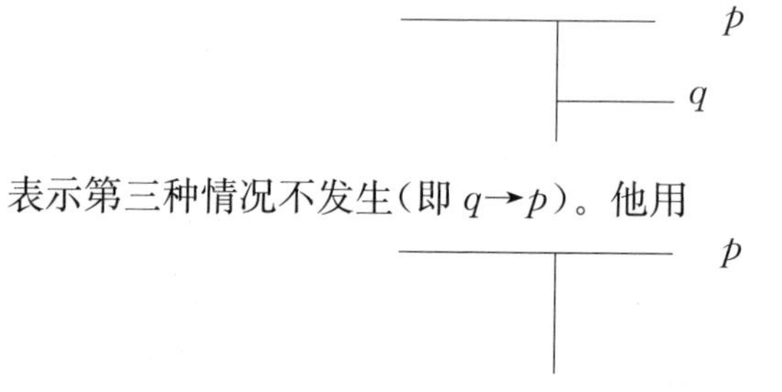

表示第三种情况不发生(即 $q \rightarrow p$)。他用

表示与 p 相反(即 $\neg p$)。这样,弗雷格首创真值函项理论,并把联结词节省到最小完备系统。

在逻辑史上存在着亚里士多德三段论和麦加拉派的命题逻辑,人们一直重视前者而忽视后者,可是一旦要把一切演绎推理规则组织在一个系统之中时,后者就显得比前者重要得多。弗雷格创造这两个符号,为他构造统一的大系统奠定了重要的语言基础。

其次,弗雷格另一个重大贡献是命题函项理论。这是把数学上"函数"概念应用到逻辑上的结果。一元函项 $F(x)$ 相当于"x 是 F"类型的性质命题,两元函项 $G(x, y)$ 相当于"x 与 y 具有 G 关系"类型的关系命题,因而函项是性质和关系的概括,是突破传统的主谓式语句的有力工具。命题函项的基本思想是把真值函项命题中的主谓词分离开来,两种符号汇合在一起,预示着命题逻辑和三段论将融合在一个更大的系统中。

最后,弗雷格创造了约束变项,这无疑是逻辑史上一个里程碑。

他用

$$(\text{有公式})\text{难以识别} \qquad F(x)$$

表示所有 x 是 F。有了这个符号,量词的运算才有可能。两个真值函项符号和这个全称量词符号,可将一切数学命题加以翻译。为了使用的方便,后人将弗雷格的两维平面符号改成一维符号。例如亚里士多德命题可以表示如下:

$$\text{有公式,不能识别}$$

人工语言的构造,到弗雷格的阶段已经大功告成。三个逻辑符号都具有极强的表达能力,自然语言之丰富多样却可以归之于几个符号的不同排列;逻辑规律之深刻却可以用这几个符号将其清晰地外露。正是这样强大的工具帮助了数理逻辑学家完成了逻辑改革,创立了第一个严格的一阶谓词系统。

每一门科学的诞生都有其特殊的经历,欧几里得(Ευκλειδηs,约公元前 330 年—公元前 275 年)几何学是在已经具有大量几何定理基础上系统化而成的,罗巴切夫斯基(Lobachevskian geometry)几何学是在欧几里得五条公理之下演绎而得的。有趣的是数理逻辑是在建立一套适合自己的语言过程中逐步形成的。

第三节　人工语言对数理逻辑的影响

莱布尼兹致力于思维计算化,布尔专攻三段论的代数化,弗雷格则集数学与逻辑为一身,任务不同,手段相同,即都是建立人工语言。现在,我们来讨论人工语言赋予数理逻辑什么样的特质。

每一门科学的性质并不是绝对客观的。它与所研究的对象、手段、使用的语言都有关系。在数理逻辑中扮演主角的逻辑符号不能不给予这门学科以影响。

让我们从一个具体的推理案例说起:

如果所有的阔叶植物都是落叶植物
并且所有的葡萄树都是阔叶植物
那么，所有的葡萄树都是落叶植物

这是人人共晓的简单道理，这个简单道理是通过逻辑推理来表达的。可是要说明这个推理为什么正确，也即说明我们在进行推理时所依据的原则是什么，却十分困难。也许可以从因果律方面看，这个推理说明了葡萄树所以是落叶植物原因，也许可以从内在必然性方面看，这个推理说明了葡萄树是落叶植物的必然性。但是，逻辑学不回答这样的问题。在逻辑学上没有"葡萄树""落叶植物"和"阔叶植物"等具体词项。逻辑关注普遍性的东西，要最大限度推广其有效性。

首先，这个推理的有效性与"葡萄树"无关，"葡萄树"可用 S 来代替，即

如果所有阔叶植物都是落叶植物
(1) 并且所有 S 都是阔叶植物
那么，所有 S 都是落叶植物

其次，这个推理的有效性与"阔叶植物"无关，它可用 M 来代替，即

如果所有 M 是落叶植物
(2) 并且所有 S 是 M
那么，所有 S 是落叶植物

最后，这个推理的有效性与"落叶植物"无关，它可用 P 来代替即

如果所有 M 是 P，
(3) 并且所有 S 是 M
那么，所有 S 是 P

至此，由于追求普遍性，我们由(1)进入(2)，由具体进入形式。在三段论中，这个推理依据于五条基本规则而有效。我们不知道 S、M、

P 的具体内容，但这个形式符合五条规则，故而有效。

但是弗雷格认为，“所有 S 是 P”仅仅是“所有葡萄树是落叶植物”的语法形式，不是它的逻辑形式。从语法上看，单称和全称是同一语法结构，但是单称可用观察的办法来证实，全称一般则不可用观察的办法来证实，全称涉及不完整的函项，单称则是完整的命题。因此必须用人工语言加以重新表示：

$$\text{如果}(x)M(x)\rightarrow P(x)$$
$$\text{并且}(x)S(x)\rightarrow M(x)$$
$$\text{那么},(x)S(x)\rightarrow P(x)$$

(3)的有效性并不是五条规则，而是由两个前提通过量词演算达到结论(先消去全称量词，再引入全称量词)。这样，我们由(2)进到(3)，由形式进到形式化，由规则进到演算。

(3)比(2)更普遍。“所有 S 是 P”仅仅是“所有葡萄树是落叶植物”的语法形式，其中≤只在“葡萄树”这个范围内生效。倘若世上没有葡萄树，(2)无意义，倘若不在葡萄树范围内讲话，则(2)也无意义。而 $\forall(x)(S(x)\rightarrow P(x))$ 不仅仅在葡萄树范围内有意义，在一切范围内都适用。我用手指着桌子上钢笔说“如果它是葡萄树，那么它是落叶植物”(这里“如果，则”是人工语言“→”的涵义)。这句话是有意义的，而且取值为“真”。

(3)比(2)更精确。(2)没有脱离(1)这个原型，它是许许多多(1)的共同语法形式，(3)已经完全离开了(1)，它由人工语言本身的性质来决定其有效性。正因为(3)远离(1)，因而就产生(3)是否正确反映(1)的问题。我们同意这样的观点：(3)不是(1)，(3)不能代替(1)。(3)是数理逻辑内容，(2)和(1)不是。因此，数理逻辑的一个重要性质即是形式化。它因追求普遍性和精确性而产生，最后因采用人工语言而铸成。我们不能说推理本身是形式的、形式化的，但我们可以说数理逻辑是形式化的。

数理逻辑另一个重要性质是外延性。为了达到形式化,我们必须彻底地外延化。对于“所有葡萄树是落叶植物”,逻辑学早就不将它看成葡萄树具有落叶植物的性质,而是看成“葡萄树”这个“种”包含在“落叶植物”这个“属”之中。量化以后,这个特点更加明显;任何个体,如果它在葡萄树这个类中,则在落叶植物这个类之中。弗雷格将外延理论引申到判断理论。他认为判断的涵义是内涵的,判断的真假值则是外延的。任何由两个判断组成的复合判断都可以由真真、真假、假真、假假四种情况得到研究。这样的研究使人工语言脱离了自然语言,使数理逻辑外延化。

让我们再选一个例子来说明:

(4) 如果书包的影子在,那么书包也在

用自然语言的语法结构来表示:

(5) 如果 A 那么 B

用人工语言来表示:

(6) $p \rightarrow q$

(4)为真的理由是什么?是经验,或是科学原理。(5)是(4)的语法形式,是一类可由前件“推知”后件的条件句的共同形式。(6)则按外延来确定其真假。例如,当我根本看不到影子的时候,或者回过头来已经看到书包的时候,我可以说:“如果书包的影子在,那么书包在。”总之,在前件假或后件真时,认定一个实质蕴涵命题为真。据此,有人说(6)不是(4),数理逻辑中的(6)是对自然语言(4)的歪曲。这种批判性的意见从一方面说明了数理逻辑是外延的。

人工语言赋予数理逻辑以形式化、外延化的特征,因此,在数理逻辑中不出现特殊的词项,代之以真值函项、命题函项,而我们却可以根据语言的句法断言某个真值函项永真，某个命题函项普遍有效。从这个意义上来看，数理逻辑不是关于思维规律的科学，而是关于人工语言用法规则的科学。然而，数理逻辑不是象棋游戏，人们并不指望从象棋游戏中得到生活方面的教益，却对数理逻辑寄予厚望。正如我国数理逻辑学家莫绍揆先生所说的那样，一切科学不外连续和离散两种，离散的都与数理逻辑结下了不解之缘。关键问题是怎样认识和使用人工语言。

由于数理逻辑的产生，可供我们享用的就有两种语言：各民族专用的自然语言和人类共同使用的人工语言。这是两种不同的语言，但并不是英语和汉语之间的不同，一切自然语言都可以通过互相翻译"等值替换"，而自然语言与人工语言之间的不同是两种层次间的差别。前者是陈述事实的表层语言，后者是揭示逻辑结构的深层语言。为了陈述事实，必须有具体的词项，或者说具体的人、时间，具体的事，希望通过对"书包的影子"存在的思考达及对"书包"存在的思考。而人工语言为了揭示不同自然语言的共同逻辑结构，则必须使用变项。词项消失了，具体内容消失了，代之而起的是逻辑常项和变项。逻辑常项的语义正是一类自然语言逻辑结构的象征。例如我们用"$p\rightarrow q$"这个符号来表示"前件假或后件真"这类语句的逻辑结构。因此上文中(6)式与(4)式不是两种可以一对一的关系，而是一对多的关系。

看不清这个根本特点就会在(6)式与(4)式差别面前感到疑惑和诧异，并且会失言道：(6)式是(4)式的歪曲反映。(6)式不是(4)式，并且一般地，人工语言中的变项与常项都不是自然语言中相应物的替代，而是某种表示。(6)式抛弃了(4)式的具体内容，保留了它的逻辑结构，(6)式与(4)式从两个不同的层次描述了同一个世界。孤立地比较(6)式与(4)式意义不大。假设我们面前有三个自然语言，因而也就有了三个人工符号：

如果书包的影子在，那么书包在　　　$p\rightarrow q$

书包的影子在　　　　　　　　p

书包在　　　　　　　　　　　q

显然，左面三句话之间的某种关系在右面三个符号之间被保留下来了。就每一个符号看，它们都是“歪曲地反映”了相应物，然而总体上人工语言正确地揭示了三个自然语言之间的某种关系。由此可见，简单的人工语言符号“→”只不过是中介物，它们的作用要从一符号中得到实现，如果不是这样看问题而拘泥于(6)与(4)的比较，那就太机械了。正因为人工语言具有揭示逻辑结构的特殊功能，它才能将正确推理外露化。例如“我不读报，所以，我读的不是报”是一个正确推理，但总觉得这个推理不够清楚。如果翻译成人工语言，那就确信无疑了。因为下式的有效性是十分直观的：

$$(x)(x\text{ 是报纸}\rightarrow\neg R(i,\ x))\rightarrow(x)(R(i,\ x)\rightarrow x\text{ 不是报纸})$$

有些真理的逻辑结构已经外露，那么翻译后便是逻辑真理，这时候它更加明显；有些真理的逻辑结构尚未外露而深藏在内涵之中，只要把结构从涵义中解放出来，也可显示逻辑真理。例如“每个人都有自己的双亲”，这就需要把“双亲”的内涵展开，然后再作翻译，其逻辑真理面貌可见。即便是一些深藏不露的内涵真理，只要将内涵充分展开，也可以用人工语言表示并得到检验。例如，当你断言“如果书包的影子在，那么书包在”时，你一定有所依据和论证，例如，由 A 可推 B_1，由 B_1 可推 B，…，由 B_n 可推 B，这样，$((p\rightarrow q_1)\wedge(q_1\rightarrow p_2)\wedge\cdots\wedge(q_n\rightarrow q))\rightarrow(p\rightarrow q)$就是逻辑真理。

数理逻辑从一开始启用人工语言时，似乎就犯下了“概括过宽”的错误。它想用“$p\rightarrow q$”来表示一切充分条件假言判断，其结果是某些“前件假或后件真”的实质蕴涵表达式却不是相应的充分条件假言判断；它想用重言式来表示一切有效推理，其结果是某些重言式却没有资格对应为有效推理，一句话，为了“穷尽”“完全”，我们的理论过宽了些。为此我们才辩护道，$p \rightarrow q$ 只是中介物，只有重言式才是有效的；为此希尔伯特才论证道，系统里的重言式有些只是理想元素，整个理论体系才是有意义的；为此哥德尔才证明，系统里的重言式确实多了些，但却不自相矛盾，系统内部是协调的。这个错误究竟有多大？我国逻辑学者看法不一，并且展开了有益的讨论。这里有三条界限。第一，认清人工语言有效性的范围，但这不是束缚住人工语言的手脚，而是为了更加自如地运用它。第二，可以为数理逻辑提供一个哲学基础和方法论说明，但这不意味着宣判数理逻辑是错误理论，而是为了推广这些方法。第三，允许一些人构造新的逻辑，以期百花齐放，但这并不表明数理逻辑已经过时。

第二章
命题演算的思想和方法

通过莱布尼兹、布尔和弗雷格等逻辑学家的不懈努力,数理逻辑登上了科学的舞台,并逐渐发挥着它的作用。作为数理逻辑基础的命题演算,其思想和方法经由真值函项、重言式和范式一步步走向成熟。

第一节　真值函项

20 世纪之前,数理逻辑学家一直围绕着一个中心在积极活动:这就是如何使直观思维变成演算性质的科学。数学已经将关于数与量的思维变成了演算科学,但是数学上的这一成就并没有构成日常思维与计算化之同的通道。相反,它成了隔绝日常思维与计算化的一堵高墙,一切思维对象被截然地分成两种不同的性质:数量的与非数量的。布尔推倒了这堵高墙的一部分,成功地将三段论这个本不属于数量的日常思维改写成计算性质的数学系统。但由于这系统仅仅适用于主谓结构的日常思维,因此局限性较大。如何在更大的范围内将非数学对象转化为数学对象?弗雷格摘取了这个大课题的桂冠。他创造了真值函项理论,从而把相当宽广的日常语言变成了可演算的数学语言,在更大范围内实现了日常思维计算化的目的。本章任务是阐述真值函项理论并简评其优劣。

与真值函项理论有关的逻辑思想是外延理论。外延理论给予逻辑学家重大帮助，这在逻辑史上并不鲜见。布尔依靠外延理论才完成了他的演算系统，弗雷格也是在发展了外延理论的基础上才创造了真值函项理论。他认为主项不同而谓项相同的两个句子，仅当这两个主项外延相同时，其真假不变。如果“晨星是恒星”是真的，那么“昏星是恒星”也是真的。因为这里的两个主项的涵义虽不同，但其外延相同。弗雷格进一步把外延理论由概念推广到判断。他认为一个判断有许多涵义，但从外延上看只有真、假两种。这个看法并没有为后人接受，因为“真”句子所对应的事实不相同，“真”句子的结构也是大不相同的。但是，在逻辑史上，弗雷格的外延理论所起的作用还是巨大的。它引导弗雷格以及后辈们把注意力集中到一个句子的真假情况上，而把一个句子的多层次多方面的情感涵义暂时抹掉，抓住了这个方向，新东西就可能产生。

一、几种基本的真值函项

考察如下命题 A：

地球是动的（A_1），并且地球沿圆周轨道运行（A_2）。

这个命题有很多意义。在事实上，它描述了地球运动的情况，如果熟悉科学史，这个命题表达了支持哥白尼的情感，如果你是一个实践家，这个命题会引导你进行各种有意义的活动。这个命题在不同场合承担着不同的职能。但弗雷格的分析使我们把注意力集中到第一方面，即分析它所包含的事实及真假情况。

命题 A 包括 A_1 和 A_2 两个命题。

A_1：地球是动的。

A_2：地球是沿圆周轨道运行的。

只有当 A_1、A_2，都是真的，命题 A 才是真的。A_1、A_2 中有一个为假时，A 是假的。

一切用“并且”联结的命题，其意义和内容十分不同，这一点是共同的。它们的真假情况大致如下：

(真)并且(真)=(可能)真；

(假)并且(真)=假；

(假)并且(假)=假。

为了考虑命题 A 的真假，人们不关心 A_1、A_2 的涵义，更不关心 A_1、A_2 的主谓项在这里，需要知道的仅仅是 A_1 是"真"还是"假"，A_2 是"真"还是"假"。在这里，一切意义不同但同时为"真"(或同时为"假")的命题其效果是相同的。在这个论域内，一切不可分解的原子命题实际上被分成两类，一类为"真"，它们等价；一类为"假"，它们也等价。

外延理论的第二个要点是把"并且"进一步抽象为数学上的运算或算子。在生活中，使用"并且"有许多大家默认的规定，例如，在日常用语中，"2+2=4 并且雪是白的"毫无意义，无所谓真假。但是，在逻辑上，我们必须放弃这类限制，只要 A_1 真，A_2 真，"A_1 并且 A_2"就真，至于 A_1 与 A_2 的涵义如何，有何联系，则是无关紧要的。于是逻辑上的"并且"就变成类似于乘法运算。

$$1\times1=1$$

$$1\times0=0$$

$$0\times1=0$$

$$0\times0=0$$

为了区别日常用语，我们用"∧"表示"并且"，用"1"表示"真"，"0"表示"假"，于是：

$$1\wedge1=1$$

$$1\wedge0=0$$

$$0\wedge1=0$$

$$0\wedge0=0$$

“∧”是逻辑上的符号，“并且”则是生活用语联结词，它们是不同领域中的事物。“∧”在逻辑上称为一种真值函项，我们的目的就是用这种理论上的符号来处理日常思维和语言问题。

另一个真值函项对应于日常用语中的“或者”。

我们考察下一个命题：

B：明天下雨($B1$)或者明天有大风($B2$)

这是用“或者”联结的复合命题。“或者”表达两者中至少有一个发生的事实，但也表达了不知究竟哪一个发生而要求人们做好两手准备的心理状态。当 $B1$、$B2$ 都假时，B 这个天气预报为假，只要 $B1$ 与 $B2$ 中有一个为真，这个预报为真。由于 $B1$、$B2$ 这两个支命题的内容不同，说话人的环境不同，这类命题就可能是十分繁杂的，但是我们一旦专注于它们的真假条件时，其共同点就明显地表现出来了：$B1$、$B2$ 都假时，B 是假的。$B1$ 与 $B2$ 中至少有一个为真时，B 才可能为真。

放弃 $B1$ 与 $B2$ 内容上必须有联系这一限制以及使用这类命题时心理条件的限制，我们可以创造出第二个运算符号“∨”，其运算规则如下：

$$1 \vee 1 = 1$$

$$1 \vee 0 = 1$$

$$0 \vee 1 = 1$$

$$0 \vee 0 = 0$$

它类似于数学上的“+”运算。

同样，“∨”与“或者”分别属于逻辑领域和生活领域，我们的目的是用“∨”来处理“或者”。

在生活中，当“张三是党员”这句话不真实时，我们可以说“‘张三是党员’这句话是假的”或说并非“张三是党员”。这类命题在逻辑上的抽象物是¬(A)，“¬”相应于“并非”，A 是一个有真假意义的句子。

$$\neg(1)=0$$

$$\neg(0)=1$$

与“∨”“∧”不同，“¬”是一元算子，它作用于“1”得到“0”，作用于“0”得到“1”。

接着我们要考察如何为“如果……那么”创造运算规则。这是颇有争议的问题。在生活用语中，“如果……那么”主要有如下几种用法。

第一种，表示推理关系。如：

如果所有乌鸦都是黑的，那么这个乌鸦是黑的

这里由前件可以推出后件。

第二种，表示因果关系。如：

如果我在屋子里生火，那么屋子暖和

这里前件是后件的原因。

第三种，表示条件约定关系。如：

如果天下雨，那么我就不去了

这里前件是后件的约定条件。

为了把“如果……那么”变为演算符号，必须先寻找它在日常用语中的共同本质。当我们考察这些用法的共同点时，就会发现，不论哪一种用法，都表示了“前件真而后件假”的情况不会发生。当“所有乌鸦都是黑的”为真时，“这个乌鸦是黑的”就不能为假；在第二句中，说话人表达了“屋子里生火”为真时，“屋子暖和”就不假；正在第三句中，说话人表达了“天下雨”为真时，“我不去了”也一定真。事实上，可能会发生相反的情况，即屋子生了火，而屋子却不暖和；天下雨了，而我去了，这时第二、第三句便与事实不符，被认为是假的。由此，这类命题为真的必要条件是：不发生前件为真而后件为假的情况。任何一个用“如果……那么”联结的充分条件句，只要发生前件真而后件假的情况，它就是假

的。一个充分条件句成立除了上述必要条件，还有许多默认的规定。人们不会认为“如果 2+2=4，那么雪是白的”为真，虽然这里前件真，后件不假。这些默认的规定、限制，是由内容、心理、环境决定的，它们超出了外延的范围，逻辑学采取了一个断然的措施，把上述必要性的条件(前真后不假)扩大为充分必要性的条件，任何一个充分条件语句，0 只要不是前真而后假的情况，一概被认为是真的句子。“如果 2+25，那么明天有数理逻辑课”和“如果今天下雨，那么 2+2=4”等都被认为是真的句子。因为它们都不是前真而后假的充分条件语句。这种对“如果……那么”的新用法，有别于原来的用法，数理逻辑学家用“→”来表示之。

“→”是数学上的运算符号，其规则如下：

$$1\rightarrow1=1$$

$$1\rightarrow0=0$$

$$0\rightarrow1=1$$

$$0\rightarrow0=0$$

“如果所有乌鸦都是黑的，那么这个乌鸦是黑的”是表达某种思想的句子；“1→1”是数理逻辑上的一个算式，两者相比，前者的两个真句子都变成了“1”，而“如果……那么”这个联结词变成了“→”可谓风貌迥异，但是当考虑这两个表达式的共同之处时，就会看到：前者是真句子，后者计算结果是“1”，正是在这一点上，真值函项是反映了生活用语的联结词。

最后，数理逻辑学家还创造了“↔”，读作：当且仅当。它来源于生活用语中充分必要的条件句。其计算规则如下：

$$1\leftrightarrow1=1$$

$$1\leftrightarrow0=0$$

$$0\leftrightarrow1=0$$

$$0\leftrightarrow0=1$$

这样，生活用语中的一类小品词：并且、或者、如果……那么、并非、当且仅当，经过逻辑学家加工琢磨就改造成$\vee$、$\wedge$、$\rightarrow$、$\neg$、$\leftrightarrow$五大运算子①，它们分别被命名为合取号、析取号、蕴涵号、否定号、等值号。从此，生活用语中一块世袭领地就变成了数学运算的新天地。

一张真值表可以概括五大运算子的运算规则。

用 A 表示定义域集合：

$\{\langle 1\ 1\rangle, \langle 1\ 0\rangle, \langle 0\ 1\rangle, \langle 0\ 0\rangle\}$，

用 B 表示值域集合：

$\{1, 0\}$，

则五个算子都是由 1 到 0 的函项，对于 A 中每一个元素，B 中有唯一元素按确定方式与之对应。自然，不同的算子有不同的对应方式。

$p\ q$	$p \wedge q$	$p \vee q$	$p \rightarrow q$	p	$p \leftrightarrow q$
1 1	1	1	1	1	1
1 0	0	1	0	0	0
0 1	0	1	1	1	0
0 0	0	0	1	1	1

二、日常语言的刻画(翻译)方法

利用五大算子来研究日常思维，我们必须学会用这些算子翻译日常用语。

【例 2.1.1】 翻译下列各语句。

(a) 只有数学和外语都及格(A)，才能录取为研究生(B)。

符号化：$\neg(A) \rightarrow \neg(B)$

【说明】 这里$\neg(A)$为“并非数学和外语都及格”即$\neg(A1 \wedge A2)$，

① 现代汉语中的联结词“要么”“只有……才”可以由五个运算子定义，也可以用专门的运算子$\underline{\vee}$、$\leftarrow$运算。

而不是“数学和外语都不及格”即($\neg A1 \wedge \neg A2$)。

(b) 要么甲取得冠军(A),要么乙取得冠军(B)。

符号化:$(A \vee B) \wedge \neg(A \wedge B)$

(c) 一有好书(A),他就买(B),虽然他不富(C)。

符号化:$(A \rightarrow B) \wedge C$

(d) 每日晚间或饭后,薛姨妈便过来,或与贾母闲谈,或与王夫人相叙。

A:每日晚间薛姨妈过来。

B:每日饭后薛姨妈过来。

C:薛姨妈与贾母闲谈。

D:薛姨妈与王夫人相叙。

符号化:$(A \vee B) \wedge (C \vee D)$

(e) 星星、月亮、太阳,我至少获得两个。

A:我获得星星。

B:我获得月亮。

C:我获得太阳。

符号化:$(A \wedge B) \vee (A \wedge C) \vee (B \wedge C)$

(f) 星星、月亮、太阳,我最多获得两个。

符号化:$\neg A \vee \neg B \vee \neg C$

或者$\neg(A \wedge B \wedge C)$

【说明】 将(e)和(f)两个表达式用合取符号联结起来,便成为下述命题的符号表达式。这个命题是:

星星、月亮、太阳,我获得两个。

(g) 成家、立业、还是就学,我还在考虑。

符号化:$A \vee B \vee C$

【说明】 这个命题可转译为“我打算成家或者立业或者就学”。

(h) 成家、立业、就学,都是好路子。

符号化:$A \wedge B \wedge C$

(i) 你要不愿意,就把“愿意”两个字抹去,留下“不愿意”;要愿意,就把“不愿意”几个字抹去,留下“愿意”。

符号化:$(\neg A \rightarrow (B \wedge C)) \wedge (A \rightarrow (D \wedge E))$

(j) 生杀予夺,皆由君定

符号化:$A \wedge B \wedge C \wedge D$

【说明】 本题没有联结词,翻译时需把省略的联结词补上去。补上后应为:是生还是杀,是予还是夺,都由封建社会的君王决定。

(k) A、B、C、D 四概念是交叉的。

符号化: E

【说明】 本题不能译成“A 是交叉的,B 是交叉的,……,”而应译成一个关系命题 E,它表示 A、B、C、D 四概念是交叉的。也可译成:A 与 B 交叉并且 A 与 C 交叉并且……。

我们必须清醒地看到,翻译前后的两个表达式是根本不同的。自然语言的主要性质在于表达思想,它包括事实情感,行动趋向等成分;人工语言的主要性质是算式,它的计算结果或是“1”或是“0”。自然语言也有真假可言,但其真假不能由单纯计算来判定。让我们以“如果……那么”为例作适当说明。

我们先假定如下三件事:

今天不是星期一

a 与 h 不是亲戚

x 比 y 小。

请比较下面这些话在日常思维和数理逻辑两个不同层次中的真假情况:

如果今天是星期一,那么明天是星期二。

如果今天是星期一,那么明天是星期三。

如果 a 与 b 是亲戚,那么 b 与 a 是亲戚。

如果 a 与 b 是亲戚，那么 b 与 a 不是亲戚。

如果 x 大于 y，那么 y 不大于 x。

如果 x 大于 y，那么 y 大于 x。

上面三对句子，每对第一句在日常思维和数理逻辑两个层次中都是真的；每对第二句在日常思维中不成立，而在数理逻辑中却是真的，因为这些表达式的前件都是假的。按计算规则，它们算出的结果是"1"。这就充分说明，日常语言中的"如果……那么"，其真假与 A、B 本身真假无关，仅与两者之间的联系有关；而数理逻辑中的"如果……那么"，其真假与 A、B 之间的联系无关，仅与 A、B 本身真假有关。这无疑说，"联系"不是外延的，而是内涵的。

自然语言是非数学的，人工语言是数学的，企图用人工语言来代替自然语言是拙劣可笑的。但令人鼓舞的是，数学可以应用于非数学，这也正是数理逻辑的基本动因。问题在于数学上真值函项究竟能解决思维上的哪些问题？其局限性在什么地方？下面，我们将通过一些实例来说明真值函项的作用和它的局限性。

利用真值函项，可以判别两句话是否一样。

【例 2.1.2】 分析下面问题：

录取研究生(C)有许多条件，例如，外语成绩不低于 55 分(A)，不及格科目不多于两门(B)。

我们用下面三种命题来表达这些条件。

第一种：如果外语成绩低于 55 分并且不及格科目多于两门，那么不被录取。

第二种：如果某人未被录取研究生，那么他的外语成绩低于 55 分，或者其不及格科目多于两门。

第三种：如果外语成绩低于 55 分或者不及格科目多于两门，那么不被录取。

我们要问：三种表达方式是否一样？哪一种符合原意？可以设想，

没有一定方法，这个问题将难以辨清，虽然我们心中明了问题的答案。但是现在我们可以很容易地回答这个问题。

先将三种表达式符号化：

第一种：$(\neg A \wedge \neg B) \rightarrow \neg C$。

第二种：$\neg C \rightarrow \neg A \vee \neg B$。

第三种：$(\neg A \vee \neg B) \rightarrow \neg C$。

每一原子命题有真假两种情况，三个命题组合起来有八种情况，按此方式构成的真值表如下：

A	B	C	$(\neg A \wedge \neg B) \rightarrow \neg C$	$\neg C \rightarrow \neg A \vee \neg B$	$(\neg A \vee \neg B) \rightarrow \neg C$
1	1	1	1	1	1
1	1	0	1	0	1
1	0	1	1	1	0
1	0	0	1	1	1
0	1	1	1	1	0
0	1	0	1	1	1
0	0	1	0	1	0
0	0	0	1	1	1

观察上面真值表可知以下几点：

(1) 真值表中右面三列是不同的，这表示相应的三个表达式是不同的。只有当两列没有区别时，我们才说相应的两个表达式是相同的，或者说是等值的。

(2) 第三种表达式强于第一种表达式。如果第三种表达式为真，则第一种表达式为真。

(3) 第三种表达式是正确的。第二种表达式错误，这由表的第七行显示出来。这一行表示 A 假、B 假、C 真时，第二种表达式为真，即是某人被录取研究生，但外语成绩低于 55 分，不及格科目又达两门以上。这显然不合原意。第一种表达式也是错误的，表的第三行和第五行都显示了这一点。表的第三行和第五行表示，两个必须满足的条件并未满足时，某人仍可录取，因而不合原意。如果你仔细地分析原意，它将获得三假五真的纪录，完全与第三种表达式吻合。

【例 2.1.3】 分析下面的命题：

如果甲队的大王这轮比赛不出场(A)，那么甲队这轮比赛就要失利(B)，从而甲队夺魁无望(C)。

这个命题应该怎样理解？下面三种表达式哪一种符合意愿？

第一种：$(A \rightarrow B) \wedge C$。

第二种：$A \rightarrow (B \wedge C)$。

第三种：$(A \rightarrow B) \wedge (B \rightarrow C)$。

如果既熟悉自然语言又熟悉人工语言，就能方便地看出第三种表达式是正确的。第一种表达式断言了 C，不合原意。第二种表达式断言了 A 假、B 真、C 假可以成立，即大王出卖比赛，甲队仍然失利，甲队却还可以夺魁。这显然不合原意。第三种表达式断言了两点，则甲队夺魁无望。因而符合原意。按字面了解，似乎第二种表达式是正确的，实际上，由于自然语言的习惯，这里用了“从而”来代替“甲队夺魁无望”成立的条件。因此按命题的深层涵义，应翻译为第三种。

类似地，利用真值函项，也可以判别一组语句是否一致。

在很多场合下，我们要考虑一组语句是否可信的问题。自然，最根本的检查方法是调查这组语句中每一句话是否真实，但这样做往往要耗费很多时间。特别当面对众多谈话者时，要对每个人每句话进行调查，这就要延误时机了。有一种较为简单的预选办法，即先检查每一个说话者的句群是否有矛盾或不一致，只有当一个句群一致时，我们才对它寄予信任。

【例 2.1.4】 分析下面一组话是否一致。

如果甲犯了谋杀罪(A)，那么他曾在受害者房间(B)，并且他不会在11点以前离开(C)，事实上他曾在受害者房间里。如果他在11点前离开，则看门人会看到他(D)，然而情况并非“看门人看见他或他犯有谋杀罪”。

先列出每一句话的真值函项：

(1) $A \to (B \wedge C)$；

(2) B；

(3) $\neg C \to D$；

(4) $\neg (D \vee A)$。

若是(1)至(4)同时为真的情况存在，则(1)至(4)一致；

否则，(1)至(4)不一致或矛盾。

然后，我们解下列方程：

(1) $A \to (B \wedge C) = 1$；

(2) $B = 1$；

(3) $\neg C \to D = 1$；

(4) $\neg (D \vee A) = 1$；

解得：$B=1$，$D=0$，$A=0$，$C=0$。

这表明在 A 假、B 真、C 假、D 假时，上述四句话同时为真，从而(1)至(4)并无矛盾，是一致的。

【例 2.1.5】 分析下列句群是否一致。

如果合同有效(A)，则甲受罚(B)，如果甲受罚，那么他破产(C)。如果银行给他贷款(D)，他就不破产。然而合同有效银行又给他贷款。

列下面方程：

(1) $A \to B = 1$

(2) $B \to C = 1$

(3) $D \to \neg C = 1$

(4) $A \wedge D = 1$

由(4)得 $A=1$，$D=1$；由(3)得 $C=0$；由(2)得 $B=0$；最后由(1)又得 $A=0$。这表明上述方程无解，即不存在一种情况，使得(1)至(4)同时为真，从而不一致。

利用真值函项，判别两个命题形式是否有充分条件关系。

科学和生活领域常常要研究一个事件是否为另一事件的充分条件。从逻辑上看，A 可以成立也可以不成立；B 亦一样。若是存在一个实例，使得 A 发生而 B 不发生，测 A 不是 B 的充分条件，反之，A 是 B 的充分条件。

【例 2.1.6】 分析"所有 S 是"是否为"有 S 是 P 的充分条件"。考虑下面真值表：

SAP	SIP	$SAP \rightarrow SIP$
1	1	1
1	0	×（即不存在）
0	1	1
0	0	1

由于第二行，即 A 真 I 假的情况不发生，故"如果所有 S 是 P，那么有 S 是 P"总是为真，从而前者是后者的充分条件。

利用上面一些例题，可以分析真值函项的作用范围和方式。

首先，它只能解决那些能够归结为真假情况的问题。两句话是否一样，这在生活中有着不同的衡量标准。例如，在日常思维中，人们认为"查无实据，事出有因"与"事出有因但查无实据"强调了不同的方面，因而是不相同的两种观点。类似地，人们也认为"情有可原，理无可恕"与"理无可恕情有可原"是不相同的两种意见。但这种不同不能表现在真假情况方面的差别，因而被认为是逻辑之外的差别。换言之，逻辑只能从外延方面（即真假情况）解决问题。如果一个问题只有内涵方面的特征而无外延方面（即真假情况）解决问题。如果一个问题只有内涵的特征而无外延方面的特征，那么逻辑方法将失效。

其次，用人工符号反映日常思维和具体科学思维时，不能简单地用真值函项算子去代替相应的联结词。不能用人工符号"→"简单地替换日常思维中的"如果……那么"。为了反映"如果今天是星期一，那么明天是星期二”，我们应当来用如下方式：

对于任何 x 而言，如果第 x 天是星期一，那么第 $(x+1)$ 天是星期二。

“第 x 天是星期一”可真、可假，“第 $(x+1)$ 天是星期二”可真、可假，但是在四种情况的组合中不发生“第 x 天是星期一为真，而第 $(x+1)$ 天是星期二”为假的情况。从而说明“今天是星期一”是“明天是星期二”的充分条件。如果简单地用人工符号“→”去替换“如果……那么”而把它译成“$A \to B$”，虽然由于 $1 \to 1 = 0 \to 1 = 0 \to 0 = 1$；但是怎么也看不出 A 是 B 的充分条件。

日常思维中的“如果……那么”有表层用法和深层用法的区别。在“如果今天你去看电影，那么我也去看电影”场合下，是表层的用法；在“如果你去看电影，那么我总陪着你”场合下，是深层的用法。表层的，可直译为 $A \to B$，深层的，可译为 $\forall x(A(x) \to B(x))$，这里 $A(x)$ 和 $B(x)$ 是命题函项而不是具体命题。

日常思维中“等值”“矛盾”“充分条件”“推理”等重要概念都可以利用真值函项来刻画，但是由于真值函项只能从外延方面来刻画这些概念，因而必定是有“缺点”的。例如，它把等值、充分条件、推理等概念的涵义减少了，范围放宽了；把“矛盾”这个概念的涵义加强了，范围缩小了。就理论与生活原型关系而论，这似乎是一切理论的通病。人们可以进一步研究和改进，使理论与生活原型贴近。但评论一种理论的优劣，还有另一方面的标准，即理论本身的性质如何？正如评论一幅名画，不能只考察它与实物像不像，还要考察它美不美，有什么艺术价值等问题。真值函项最重要的性质是计算性，许多繁杂而纠缠不清的问题借助于真值函项，通过简单计算便可迎刃而解。这个成果把近代学者的梦幻，变成了现实，是人类认识史上重要的阶段。

第二节　重言式

重言式是数理逻辑中的重要概念，真值函项理论正是依赖这个概念发挥作用的。一种理论总由许多概念组成，一般来说，它们都是必不可少的。但就应用来说，有些概念并无实际意义；另一些概念才是人们把握真实世界的有力工具，重言式就是其中之一。

一、重言式的逻辑特征

日常思维中有一组用途广泛的小品词：

“并且”“或者”“并非”“如果……那么”“当且仅当”。以这些小品词为背景，数理逻辑学家构造了五种算子和五种基本的真值函项：

$$p \wedge q$$

$$p \vee q$$

$$\neg p$$

$$p \rightarrow q$$

$$p \leftrightarrow q$$

由这些基本的真值函项经过重复组合又可构造出无穷无尽的真值函项，可以从理论上证明，五种算子已经完备了。从数学上看，这些无穷无尽的真值函项可以分为三类。第一类，可取真值也可取假值。例如 $p \rightarrow q$，当 p 真 q 假，它为假，余者它为真。第二类，永假式，例如 $p \wedge \neg q$，不论 p 为真还是假，它总取假值。第三类，永真式，例如 $p \vee \neg p$，不论 p 为真还是假，它总取真值。逻辑上把这一类称为重言式。

第一类：可取真值也可取假值。

例如 $p \rightarrow q$，当 p 真 q 假，它为假，余者它为真。

第二类：永假式，例如 $p \wedge \neg p$，不论 p 为真还是假，它总取假。

第三类：永真式，例如 $p \vee \neg p$，不论 p 为真还是假，它总取真值。逻辑上把这一类称为重言式。

重言式是数学上的表达式，却与日常推理有着深刻的联系。推理方面，有两个问题需要解决。第一个问题是，什么样的推理是正确的，什么样的推理是不正确的，前提真、结论假的推理固然不是正确推理，前提真、结论真的推理也不就是正确推理。逻辑学家只把那些不发生前提真而结论假的推理形式看成正确推理。有了这个一般定义后，第二个问题是，用什么具体方法来检查某一推理是正确的。重言式正是在第二个问题上起了大作用。

让我们来考察一些例题。

【例 2.2.1】 分析下面两个推理的正确性。

A：如果今晨有雾(p)，那么甲和乙都看不到日出($q\wedge r$)，然而甲看到了日出($\neg q$)，所以今晨没有雾

B：如果今晨有雾(p)，那么甲和乙都看不到日出($q\wedge r$)甲与乙中有人没有看到日出($q\vee r$)，所以今晨有雾

直观上看，第一个推理是正确的，第二个推理是不正确的。我们期望这个本质差别能为真值函项所显示。由一个推理式可以构成一个蕴含式，其前件是推理式的前提合取，后件是推理式的结论。上面两个推理式的蕴涵式依次为下列 A 和 B：

A：$((p\rightarrow q\wedge r)\wedge\neg q)\rightarrow\neg q$

B：$((p\rightarrow q\wedge r)\wedge(q\vee r))\rightarrow p$

A 的真值表如下：

p	q	r	(	(	p	$\rightarrow$	q	$\wedge$	r	)	$\wedge$	$\neg$	q	)	$\rightarrow$	$\neg$	p
1	1	1			1	1		1			0		0		1		0
1	1	0			1	0		0			0		0		1		0
1	0	1			1	0		0			0		1		1		0
1	0	0			1	0		0			0		1		1		0
0	1	1			0	1		1			0		0		1		1
0	1	0			0	1		0			0		0		1		1
0	0	1			0	1		0			1		1		1		1
0	0	0			0	1		0			1		1		1		1

B 的真值表如下：

p	q	r	(	(	p	$\to$	q	$\wedge$	r	)	$\wedge$	(	q	$\vee$	r	)	)	$\to$	p
1	1	1			1	1		1			1			1				1	1
1	1	0			1	0		0			0			1				1	1
1	0	1			1	0		0			0			1				1	1
1	0	0			1	0		0			0			0				1	1
0	1	1			0	1		1			1			1				0	0
0	1	0			0	1		0			1			1				0	0
0	0	1			0	1		0			1			1				0	0
0	0	0			0	1		0			0			0				1	0

计算结果表明，A 式在三个变量八种真假组合中永取真值，B 式取得五真三假的记录。A 式是重言式，B 式不是重言式。这个结果具有普遍性。一切有效的推理因不发生前提真而结论假的情况，所以，其对应的蕴涵式永真；一切无效的推理因存在前提真而结论假的情况，所以，其对应的蕴涵式并不永真，一切推理有效与无效的界线清晰地显示出来了。

科学的使命就是创造一种理论环境，在这里人们能看到平常看不到的东西。即使是第一流的化学家也不能凭肉眼分辨出一切酸性物质和碱性物质，但是石蕊试纸和酸、碱起反应，造成另一种环境，任何人只要能在这种环境下分出红与蓝，就能分出什么是酸，什么是碱。真值函项也为推理创造了一种新环境，任何人，只要能分出“1”和“0”，就能分出什么是有效推理，什么是无效推理。

【例 2.2.2】 讨论下面两个推理的有效性：

A：$(p \vee q) \to r$，所以$(p \to r) \wedge (q \to r)$

B：$r \to (p \vee q)$，所以 $(r \to p) \wedge (r \to q)$

要鉴别上面两个推理是否有效，只要鉴别下面两个相应的蕴涵式是否为重言式：

$$(p \vee q) \rightarrow r((p \rightarrow r) \wedge (q \rightarrow r))$$

$$(r \rightarrow (p \vee q)) \rightarrow ((r \rightarrow p) \wedge (r \rightarrow p))$$

一张真值表可以不容争议地解决这个问题。但是这张真值表可能比较复杂，简化真值表可以帮助我们减少繁复的劳动。

考虑 A 式前件为真而后件为假的方程：

$$(p \vee q) \rightarrow r = 1$$

$$(p \rightarrow r) \wedge (q \rightarrow r) = 0$$

解方程：

(1) $(p \vee q) \rightarrow r = 1$，$p \rightarrow r = 0$，

由 $p \rightarrow r = 0$，得 $p = 1$，$r = 0$，从而：

$$(p \vee q) \rightarrow r = 1 \rightarrow = 0。$$

故方程(1)无解。

(2) $(p \vee q) \rightarrow r = 1$，$q \rightarrow r = 0$，

由 $q \rightarrow r = 0$，得 $q = 1$，$r = 0$，从而：

$$(p \vee q) \rightarrow r = 1 \rightarrow 0 = 0。$$

故方程(2)也无解。

这表明，不可能存在一组值，使 $(p \vee q) \rightarrow r$ 为真，而 $(p \rightarrow r) \wedge (q \rightarrow r)$ 为假。即例 2.2.2 中 A 推理有效。

考虑 B 式的前件为真后件为假的方程：

$$r \rightarrow (p \vee q) = 1$$

$$(r \rightarrow p) \wedge (r \rightarrow q) = 0。$$

解方程：

(1) $r \rightarrow (p \vee q) = 1$，$(r \rightarrow q) = 0$。

由 $r \rightarrow p = 0$，得 $r = 1$，$p = 0$ 从而：

$$(r\to)\wedge(r\to q)=(1\to(0\vee q))=1,故\ q=1。$$

(2) $r\to(p\vee q)=1$，$(r\to q)=0$，

由 $r\to q=0$，得 $r=1$，$q=0$，$p=1$。

这表明，存在两组值，使 B 式的前件真而结论假，因此例 2.2.2 中 B 推理无效。

【例 2.2.3】 分析下面两个推理的有效性：

B：如果所有的实数都是代数数，那么实数可数，但实数不可数，所以超越数存在

C：如果所有实数都是代数数，那么实数可数；如果实数可数，那么整数可数，而整数可数，所以实数都是代数数

$$(r\to)\wedge(r\to q)=(1\to(0\vee q))=1,故\ q=1$$

这两个推理对应的蕴涵式依次为下面的 B 式和 C 式：

B：$((p\to q)\wedge(\neg q))\to\neg p$

C：$((p\to q)\wedge(q\to r)\wedge r)\to p$

容易计算，B 式取不到假值；而当 p 假、q 真、r 真时 C 式取假，因此 B 推理有效，C 推理无效。现在，我们从另一角度来研究有效推理与无效推理的差别。试考虑一个推理的前提与结论的否定所组成的联言表达式(即合取)。

推理 B 的反结论联言式为：

D：$((p\to q)\wedge(\neg p))\wedge p$

推理 C 的反结论联言式为：

E：$((p\to q)\wedge(q\to r)\wedge r)\wedge\neg p$

经计算，D 式永假；而当 p 假、q 假、r 真时 E 式真。这表明一切有效推理反结论联言式永假，无效推理反结论联言式并非永假。这一数字上的结果进一步揭示了有效推理的本质；对于有效推理而言，如果承认了它的前提而又不承认它的结论，则必导致自相矛盾；对于无效推理

而言，承认其前提而不承认其结论不致引起矛盾。换言之，有效推理与无效推理受另一个根本规律的支配，这个规律便是不矛盾律。

有效推理与无效推理是思维上正确与否的质的差别，这个差别在某些场合下很难区别，然而它在我们的理论环境下具有一目了然的差别，这就是“1”与“0”之间的差别。鉴别的方法不是复杂的物理、化学实验，而是简单的计算，这样，某些“质”的问题被计算化了。从而一个古老的哲学观念，即质不可量化，也不可计算化，终于被打破了。

二、重言式的方法

我们在理论上对重言式作一些处理，以便从一些重言式得到另一些重言式。这就是重言式的方法。主要介绍代入法、等值替换法和分离法。

第一种，代入法。

$p \to p$ 与 $(s \wedge r \to t) \to (s \wedge r \to t)$ 分别是关于它们自身变量的重言式。但是，我们可以认为第二个重言式是由第一个重言式中 p 处处代以 $s \wedge r \to t$ 而得到的结果。“处处代入”这个要求是重要的。例如，$(s \wedge r \to t) \to p$ 就不是重言式。$p \to p$ 是重言式，但是仅仅在前件处以 $(s \wedge r) \to t$ 代入 p，而没有同时在后件处也以 $(s \wedge r) \to t$ 代入 p，得到的就未必是重言式。把这些想法概括成一个命题，便是

【命题 1】 设表达式 A 中含有命题变元 $p_1, p_2, \cdots, p_n$；$A_1, A_2, \cdots, A_n$ 是任一有意义公式，用 A_1 处处代以 p_1，用 A_2 处处代以 p_2，……，以 A_n 处处代以 p_n。若 A 是重言式，则代入后所得公式 B 也是重言式。此命题容易得到证明。

对结果公式 B 中变元任给一组值，这时 $A_1, A_2, \cdots, A_n$ 分别得到一个值，从而相当于 $p_1, p_2, \cdots, p_n$ 得到一组值，由于 A 是重言式，因而这一组值必使 B 公式为真。由于这一组值是任意给定的，因此 B 公式是重言式。例如，已知 $p \to p$ 是重言式，要证 $(s \wedge r \to t) \to (s \wedge r \to t)$

是重言式,可以这样考虑:对于 s, r, t 任给一组值,从而,$(s\wedge r)\rightarrow t$ 恰有一个取值,这就相当于在 $p\rightarrow p$ 中 p 有一个取值,由于 $p\rightarrow p$ 是重言式,故 $(s\wedge r\rightarrow t)\rightarrow(s\wedge r\rightarrow t)$ 也是重言式。

命题 1 揭示了重言式具有特定的结构特征。$p\rightarrow p$ 是重言式,它的结构特征有二:其一,它是()→()型的;其二,前后空白的符号是相同的。

第二种,等值替换。

$p\rightarrow p$ 是重言式,$p\rightarrow\neg\neg p$ 也是重言式。我们可以认为第二个重言式是第一个重言式中 p 被 $\neg\neg p$ 等值替换后的结果。这里“等值”是必不可少的,如果以与 p 不等值的 $p\wedge q$ 来替换,结果得到的 $p\rightarrow p\wedge q$ 就不是重言式。如果不是等值替换,那就应“处处代入”;如果是等值替换则不必处处替换。把这些思想概括成命题,便有:

【命题 2】 设 A 与 B 等值,即 A 与 B 有相同的真值表,$f(B)$ 是用 B 替换 $f(A)$ 中的某些 A 而得到的结果,则 $f(B)$ 与 $f(A)$ 等值,特别地,当 $f(A)$ 是重言式时,$f(B)$ 也是重言式。

命题 2 的证明思想是直观易懂的,但书写较为烦琐。$f(A)$ 是由 A 以及其他命题通过联结词组合而成的,这个组合过程是递归的:开始它是关于 A 的 0 级公式,即 $f(A)$ 就是 A,然后,它是 A 的一级公式,即 $\neg A$, $A\vee C$, $A\wedge C$ 等。然后,它是 A 的二级公式,即 $\neg\neg A$, $\neg(A\vee C)$, $\neg(A\wedge C)$ 等,若用 A_n 表示关于 A 的 n 级公式,则 $(n+1)$ 级公式为:

$$\neg A_n,\ A_n\vee A_j,\ A_n\wedge A_j,\ A_n\rightarrow A_j,\ 0\leqslant j\leqslant n,$$

我们证明不论 $f(A)$ 是 A 的哪一级公式,命题成立。

基始:证明(A)为 A 时命题成立。

由于 $f(B)$ 就是 B,故 $f(A)$ 与 $f(B)$ 等值。

推步:证明若 $f(A)$ 是 A 的 n 级公式命题成立,则 $f(A)$ 是 A 的 $(n+1)$ 级公式时,命题亦成立。

(1) A_{n+1}为$\neg A_n$,则$f(B)$为$\neg B_n$(B_n为以B替A中某些A的结果公式)。

由于A_n与B_n等值,故$\neg A_n$与$\neg B_n$等值。

(2) A_{n+1}为$A_n \vee A_j$或$A_n \wedge A_j$或$A_n \rightarrow A_j$,则$f(B)$为$B_n \vee B_j$或$B_n \wedge B_j$或$B_n \rightarrow B_j$。由于A_n与B_n等值,A_j与B_j等值,故$f(B)$与$f(A)$等值。

命题2揭示了重言式具有外延方面的特征。有些文献把这一命题谓之外延原理。

第三种,分离法。

【命题3】 如果$A \rightarrow B$和A都是重言式,则B是重言式。

对公式B中命题变元任给一组值,由于A和$A \rightarrow B$都是重言式。因而它们在这一组值之下必为真,既然$A \rightarrow B$为真,A为真,则B也只能为真。从而说明B是重言式。

至此,我们考察了关于重言式不变性的三种运算,看起来,它们也许是单纯的、微不足道的,其实三种运算揭示了重言式的本质。三者结合在一起,将产生丰富的结果。要提请读者注意的是,这三种运算并没有涉及逻辑规则,仅凭直观便可以了解。因此,它们有资格成为我们证明的工具。作为这三个命题的应用,我们举出另外两个有实用价值的命题。

【命题4】 德摩根定律成立:

$$\neg(A_1 \vee A_2 \cdots \vee A_n) \equiv \neg A_1 \wedge \neg A_2 \cdots \wedge \neg A_n$$

这个命题说,如果一个命题仅由$\vee$、$\wedge$、$\neg$三种符号组成,则这个命题的否定将与原命题的对偶命题等值。("$\equiv$"意为"等值"或"等同")所谓对偶命题即是把公式中的$\vee$与$\wedge$对换,把命题变元前有无否定号$\neg$的情况对换。

命题4为否定提供了一般性的技巧。任何一个命题的否定,可以通过两个手续来完成。首先将它等值地转换为只含 $\vee$、$\wedge$、$\neg$ 三种符号的命题，其次，按命题 4 的规则实施后，便可得原命题的否定。数理逻辑给予人类思维许多帮助，否定技巧是其中一个小小奉献。

【命题 5】 对偶定律成立：

设 $A\to B$ 是重言式，A 与 B 中仅含有 $\vee$、$\wedge$、$\neg$ 三种符号，A^* 和 B^* 分别由 A 和 B 中的 $\vee$ 和 $\wedge$ 对换而成，则 $B^*\to A^*$ 也是重言式。

由 $A\to B$ 是重言式，它的等值式 $\neg A\to\neg B$ 也是重言式，但 $\neg B$ 与 B 的对偶公式 B° 等值，$\neg A$ 与 A 的对偶公式 A° 等值，即 $B^\circ\to A^\circ$ 是重言式，对于 B° 与 B^* 只差命题变元的否定，A° 与 A^* 也只相差命题变元的否定，故 $B^*\to A^*$ 也是重言式。

例如，$p\wedge q\to p$ 是重言式，则 $\neg p\to\neg(p\wedge q)$ 也是重言式，从而 $\neg p\to p\neg p\vee\neg q$ 也是重言式，即 $p\to p\vee q$ 是重言式。按对偶律，由 p 与 p 对换，$p\wedge q$ 与 $p\vee q$ 对换，从 $p\wedge q\to p$ 是重言式，直接可得 $p\to p\vee q$ 也是重言式。

三、重言式与有效推理的对应

虽然每一个有效推理对应了一个重言式，每一个无效推理对应了一个非重言式，但是不能由此得出结论，每一个重言式都对应着一个日常的有效推理。这似乎不可理解，其实，重言式与非重言式的论域大于有效推理与无效推理的论域，存在一些表达式，一旦把它们解释成推理就很不自然，或者“很不成样子”。

例如，请看以下两式：

(1) $(p\wedge\neg p)\to q$；

(2) $p\to(q\vee\neg q)$。

(1)式前件永假，(2)式后件永真，它们都是重言式。这些重言式可以认为是数学上的存在，是真值函项带来的必然产物，并不是实际思维中存在的推理格式。在实际思维中，既然前提矛盾，人们就不会用它们进行一本正经的推理，推出的结论也无从证实和证伪；在实际思维中，人们也不必去推那些“明天下雨或者不下雨”之类的结论。(1)和(2)不是日常推理的有效格式，但在数理逻辑中是公认的有效式。特别是(1)式还具有刻画性的特征，不承认这个公式的学派被称为极小主义逻辑学派。

接下来，有两个公式引人注目，

(3) $p \to (q \to p)$；

(4) $\neg p \to (p \to q)$。

19、20世纪最伟大的数学家逻辑学家弗雷格、罗素、希尔伯特在构造自己的逻辑系统时都以(3)为公理，特别是罗素以蕴涵词为主要词项将几乎全部数学推导出来，因而(3)式被人们刮目相看。但是另一方面，(3)似乎说：“如果 p 是真的，则由任何命题 q 可推出 p。”人们议论道，一个命题是真的，如何能由任何一个命题将其推出？窗外有只苍蝇嗡嗡飞，如何能由 $2+2=4$ 将其推出？(4)的涵义似乎是“如果 p 是假的，则由 p 可推出任一命题 q”，人们对此议论道，即使某一命题不能成立，但如何能由它推出任何一个命题？假设 $2+2=5$，就能推出罗素与某大主教两个人竟是一个人吗？面对种种指责，罗素论证道：

设 $2+2=5$，

但我们已知 $2+2=4$，

则 $5=4$，则 $3=2$，则 $2=1$，

而罗素与某大主教是两个人，因此，根据 $2=1$，可得出：罗素与某大主教是一个人。

这个论证自然只能看成笑话一则。但是在逻辑上(3)和(4)代表着相当重要的推理格式。(3)相当于：假设 p，又假设 q，则可推出 p，这是天经地义的联言分解式。(4)相当于：假设 $\neg p$，又假设 p，则可推出 q，这是著名的归谬法。

再往下，还有一些非蕴涵式的重言式，它们不对应现成的推理格

式。例如：

(5) $(p \to q) \lor (\neg p \to q)$；

(6) $(p \to q) \lor (p \to \neg q)$；

(7) $(p \to q) \lor (q \to p)$；

(8) $(p \land q \to r) \to (p \to r) \lor (q \to r)$。

很明显，(5)至(8)不是蕴涵式，不能直接解释成推理格式。不少学者对这些公式先作主观的解释，然后又把这些不恰当的解释作为真值函项的错误加以批评。他们指责道，(5)式相当于：或者 p 推出 q，或者 $\neg p$ 推出 q，(8)式相当于：若 p 和 q 推出 r，则 p 推出 r 或 q 推出 r。然后他们举例说明 p 推不出 $p \land q$，$\neg p$ 也推不出 $p \land q$；又举例说明 $x \not< y$ 且 $x \not> y$ 推出 $x = y$，但 $x \not< y$ 推不出 $x = y$，$x \not> y$ 推不出 $x = y$。

这些批评是不正确的，主观的。(5)至(8)不是蕴涵式，不可直接解释成推理，只有经过变形，才能解释成推理。例如(5)，变形后得：$\neg(p \to q) \to (\neg p \to q)$，它相当于：

由 $\neg(p \to q)$ 可推出 $\neg p \to q$，

或由 $\neg(p \to q) \land \neg p$ 可推出 q。

从另一方面也能看出对(5)至(8)作出的流行的解释并不妥当。$(p \to q) \lor (\neg p \to q)$ 不能解释成“p 推出 q 或 $\neg p$ 推出 q”。与“p 推出 q 或 $\neg p$ 推出 q”相应的表达式应是“$A \to B$ 是重言式或 $\neg A \to B$ 是重言式”，显然数理逻辑中没有这一条定律。$p \to q$ 不是重言式，$\neg p \to q$ 也不是重言式。同样，与“若 $p \land q$ 推出 r，则 p 推出 r 或 q 推出 r”相应的表达式应是用元语言表达的“若 $A \land B \to r$ 是重言式，则 $A \to r$ 是重言式或 $B \to r$ 是重言式”。显然，数理逻辑中也没有这一条定律。$p \land q \to p \land q$ 是重言式，但 $p \to p \land q$ 和 $q \to p \land q$ 都不是重言式。

在这里，不是数理逻辑公式犯了错误，而是批评者自己犯了主观随意解释的错误。我们来指出这个错误的原因。

重言式是数理逻辑中的概念，只是由于人们的解释，重言式才与日常思维中的推理有了联系。这个解释依赖于两个条件。第一个条件是，把不发生前提真、结论假的推理形式作为有效推理的定义。第二个条件是，一个推理对应一个蕴涵式，它的前件和后件分别由前提的合取和结论所组成。

我们应当记住这两个条件，否则就会造成思想上和解释上的混乱。前面举的公式(1)和公式(2)是否有资格成为有效推理格式？按我们的定义，它应是有效推理格式。但是，我们的这个定义过宽了些，这个责任不应由数理逻辑来负。公式(5)是否可解释成“或者 p 推出 q，或者 $\neg p$ 推出 q”？不可。按第二个条件，我们只能把蕴涵式解释成推理。公式(8)可否解释成“$p \wedge q$ 推出 r，则 p 推出 r，或者 q 推出 r”？不可。按第二个条件，我们只能把蕴涵式中的主蕴涵词解释成“推出”，不能把所有蕴涵词都解释成“推出”。公式(8)中有四个蕴涵号，只有第二个蕴涵号可解释成“推出”，第一、第三、第四个蕴涵号只能作为数理逻辑上的运算子。

到目前为止，为了把蕴涵式解释成推理，我们在两种意义上了解蕴涵号→。第一种，把它了解成一张特定的真值表；第二种，把它了解成“推出”。要记住，当我们把某一个蕴涵号了解成“推出”时，这个蕴涵，实质上是重言蕴涵，而不是一般的实质蕴涵。例如，对于公式

$$((p \to q) \wedge \neg q) \to \neg p,$$

我们可这样解释：若 $p \to q$ 且 q，可推出 $\neg p$。还可进一步解释成：若 p 推出 q，且 q 假，可推出 p 假。这是因为“p 推出 q”这一说法，实际上比“$p \to q$”更强。又如，对于公式(8)只能解释为：若 $p \wedge q \to r$，可推出 $(p \to r) \vee (q \to r)$，不能进一步解释为：若 $p \wedge q$ 推出 r，则 p 推出 r 或者 q 推出 r，这是因为，后一说法加强了结论。

有些学者表面上并未把实质蕴涵号“→”解释成“推理”，而是解释成“若……则”“如果……那么”，但是这些词，同样有两种不同的涵义：

第一种，作为实质蕴涵号的读名；第二种与推理具有相当的涵义。如果混淆了这两种不同的用法，“蕴涵怪论”“不像样子的推理”就可能被编造出来。

第三节　范　式

给定一组前提 $A_1, A_2, \cdots, A_n$，为了判定公式 B 是否为这组前提的推论，只要判定表达式

$$A_1 \wedge A_2 \wedge A \wedge \cdots \wedge A_n \rightarrow B$$

是否为重言式。借助皮尔斯和维特根斯坦发明的真值表，这个问题常可解决。但是数学家希尔伯特提出了一个新的问题：由 $A_1, B_2, \cdots, A_n$ 这组前提，总共可以有多少不同推论？真值表不能完成这个任务。希尔伯特与阿克曼在《数理逻辑基础》(1928)中利用范式解决了这个重要问题。以后范式又在元逻辑中发挥了重要作用，从而确立了它在形式思维中的特殊地位。

一、范式的方法及其特征

范式的基本想法是把一个人工语言的表达式标准化，使得每一个人工语言恰有一个标准形式，不同的表达式有不同的标准形式。

让我们考察下面这个语句：

如果国王拒绝制定新的法令(p)，那么罢工不停止(q)，除非罢工进行了一年以上且签了约(r)。

这个语句有如下几种翻译：

B_1：$p \rightarrow (q \vee r)$；

B_2：$(p \rightarrow q) \vee r$；

B_3：$\neg r \rightarrow (p \rightarrow q)$；

B_4：$(p \wedge \neg r) \rightarrow q$。

有趣的是，这些不同的形式仅仅是表面的，它们有两个共同的标准形式，因而实际上是同一个真值函项。这两个标准形式是：

(1) $(p\wedge q\wedge r)\vee(p\wedge q\wedge\neg r)\vee(p\wedge\neg q\wedge r)\vee(\neg p\wedge q\wedge r)\vee(\neg p\wedge q\wedge\neg r)\vee(\neg p\wedge\neg q\wedge r)\vee(\neg p\wedge\neg q\wedge\neg r)$

(2) $(\neg p\vee q\vee r)$

(1)式称为析取优范式，它以析取号“$\vee$”为主符号；

(2)式称为合取优范式，它以合取号“$\wedge$”为主符号。

(1)式和(2)式有以下三个特点：

第一，仅含$\neg$、$\vee$、$\wedge$三个符号，如果公式中出现其他几个真值函项算子，则应消去。

第二，否定号$\neg$紧跟命题变元，如果公式中出现$\neg(p\wedge q)$或$\neg(p\vee q)$，则应将$\neg$向里深入。

第三，按字典顺序排列。(1)式以“$\vee$”为主，每个子公式都是由$p(\neg p)$，$q(\neg q)$，$r(\neg r)$组成的合取式，合取式中，每个变元或其否定恰好出现一次，如果缺少某一变元，则应补项。(2)式以“$\wedge$”为主。每个子公式都是由所有变元或其否定组成的析取项，每个变元或其否定恰好出现一次，如果缺少某一变元则应补项。

一个公式是优范式，当且仅当它满足上述三个条件。

为了求得优范式，必须做以下三件事：消去蕴涵号和等值号；否定号深入；补项和排列。

【例 2.3.1】 求 $p\rightarrow q\wedge r$ 的优范式。

(i) 消$\rightarrow$：

$$p\rightarrow(q\wedge r)\equiv\neg p\vee(q\wedge r)。$$

(ii) 分配：

$$\neg p\vee(q\wedge r)\equiv(\neg p\vee q)\wedge(\neg p\vee r)。$$

(iii) 补项：

$$(\neg p\vee q)\equiv(\neg p\vee q\vee r)\wedge(\neg p\vee q\vee\neg r);$$
$$(\neg p\vee r)\equiv(\neg p\vee q\vee r)\wedge(\neg p\vee\neg q\vee r)。$$

(iv) 去除重复因子并排列。

$$p\rightarrow(q\wedge r)\equiv(\neg p\vee q\vee r)\wedge(\neg p\vee q\vee\neg r)\wedge(\neg p\vee\neg q\vee r)。$$

最后公式为合取优范式。

为了求它的析取优范式，我们可采取以下做法。

(i) 消→：

$$p\rightarrow(q\wedge r)\equiv\neg p\vee(q\wedge r)。$$

(ii) 补项：第一个因子缺 q、r，第二个因子缺 p。

$$\neg p\equiv(\neg p\wedge q\wedge r)\vee(\neg p\wedge q\wedge\neg r)\vee(\neg p\wedge\neg q\wedge r)\vee(\neg p\wedge\neg q\wedge\neg r);$$
$$q\wedge r\equiv(p\wedge q\wedge r)\vee(\neg p\wedge q\wedge r)。$$

(iii) 去除重复因子并排列：

$$p\rightarrow(q\wedge r)\equiv(p\wedge q\wedge r)\vee(\neg p\wedge q\wedge r)\vee(\neg p\wedge q\wedge\neg r)\vee(\neg p\wedge\neg q\wedge r)\vee(\neg p\wedge\neg q\wedge\neg r)。$$

【例 2.3.2】 求前述 B_1：$p\rightarrow(q\vee r)$的优范式。

消→：

$$B_1\equiv(\neg p\vee q\vee r)$$

只经这一步，就求出了 B_1 的优合取范式。它只有唯一的一项。为了求它的析取优范式，我们需要大量补项。第一项缺 q，r；第二项缺 p，r，第三项缺 p，q。经过补项并整理，我们能看到它就是前面呈现的范式(1)。

【例 2.3.3】 求前述 B_2：$(p\rightarrow q)\vee r$ 的优范式。

$$B_2 \equiv \neg p \vee q \vee r$$

由此可见前述 B_2 与 B_1，有相同的优合取范式，从而有相同的优析取范式。换句话说，B_1 和 B_2（以及前述 B_3，B_4）在本质上是同一个真值函项。

是否每个真值函项都存在一个等值的优合取范式和优析取范式？是否存在一种方法能够较快地构造出某一真值函项的优范式？回答是肯定的。

让我们先从两元真值函项入手分析。

设 $f(p, q)$ 仅含两个变元 p，q，它在 p 真 q 真、p 真 q 假、p 假 q 真、p 假 q 假四种情况下恰有一个取值。以 $p \vee q$ 为例，它在上述四种情况下，依次取真、真、真、假四个值。为了方便，我们对 p 和 q 的真假四种组合做编号：p 假 q 假记为第 0 号；p 假 q 真记为第 1 号；p 真 q 假记为第 2 号；p 真 q 真记为第 3 号。我们构造极小因子，方法如下：对于第 0 号，p 假 q 假，有极小因子（$\neg p \wedge \neg q$）；对于第 1 号，p 假 q 真，有极小因子（$\neg p \wedge q$）；对于第 2 号，p 真 q 假，有极小因子（$p \wedge \neg q$）；第 3 号，p 真 q 真，有极小因子（$p \wedge q$）。如果改用两进位数系，这种编号和极小因子之间的对应将更清晰。

真假组合	序号	两进位表示	极小因子
p 假 q 假	0	00	$\neg p \wedge \neg q$
p 假 q 真	1	01	$\neg p \wedge q$
p 真 q 假	2	10	$p \wedge \neg q$
p 真 q 真	3	11	$p \wedge q$

容易看出，两进位表示下的序号和极小因子对应规则如下：如果第 1 位上出现“0”，则在变元 p 前加否定 $\neg$，如果第 2 位上出现“0”，则在变元 q 前加否定 $\neg$。

任一真值函项 $f(p, q)$，如果已知它在哪几种情况下为真，我们就吸收对应的极小因子，并用析取号“$\vee$”连接成表达式。如 $p\vee q$，它在编号 00 下为假，在 01、10、11，三种情况下为真，因此我们吸收 $\neg p\wedge q$、$p\wedge\neg q$、$p\wedge q$，用“$\vee$”构成如下表达式：

$$p\vee q\equiv(\neg p\wedge q)\vee(p\wedge\neg q)\vee(p\wedge q)。$$

又如它在 11 编号下为真，其余情况下为假，我们吸收 $p\wedge q$ 因子，构成如下表达式：

$$p\wedge q\equiv p\wedge q。$$

$p\wedge q$ 函项只有一个极小因子，这表明，这样构成的真值函项并不改 变真值，仅仅改变它的形式，使其标准化。

对于三元真值函项以至一般的 n 元真值函项，这种构造方法都是可行的。

设真值函项 $f(p, q, r)$ 含有三个变元，它的取值将有八种情况 (2^3) 这八种情况以及所对应的极小因子如下：

$p\ q\ r$	序号	极小因子
0 0 0	000	$\neg p\wedge\neg q\wedge\neg r$
0 0 1	001	$\neg p\wedge\neg q\wedge r$
0 1 0	010	$\neg p\wedge q\wedge\neg r$
0 1 1	011	$\neg p\wedge q\wedge r$
1 0 0	100	$p\wedge\neg q\wedge\neg r$
1 0 1	101	$p\wedge\neg q\wedge r$
1 1 0	110	$p\wedge q\wedge\neg r$
1 1 1	111	$p\wedge q\wedge r$

如果一个真值函项在 3、4 两种情况下取真值，其余取假值，则这个真值函项的析取优范式为：

$$(\neg p\wedge q\wedge r)\vee(p\wedge\neg q\wedge\neg r)。$$

这些极小因子有如下特征：

(1) 每个极小因子各不相同。一个极小因子与另一个极小因子至少有一个变量具有相反符号。这是因为两进位数与十进位数一一对应。

(2) 两个不同的真值函项包含了不同的极小因子。

(3) 一真值函项包含几个极小因子，表示它在相应序号下为真，其余情况为假。

【命题 6】 每一个真值函项恰有一个优析取范式和一个优合取范式。

【证明】 对于具有 n 个变元的真值函项 $S(p_1, p_2, \cdots p_n)$，由于它的取值有 2^n 种情况，所以它有 2^n 个极小因子。由这些极小因子组成的优析取范式的总数是：

$$C_2^0 n + C_2^1 n + \cdots + C_2^2 n = 2^{2^n}。$$

另一方面，n 个变元的真值函项总数也是 2^{2^n}。这是因为，它的命题变元真假组合有 2^n 种情况，对于每种情况，这个真值函数的取值有真、假两种，因而不同的取值将有

$$2 \times 2 \times \cdots, \times 2 = 2^{2^n}。$$

这表明，每一真值函项恰与一个析取优范式等值。两者成一一对应。从而也表明每一个真值函项有一个等值的优合取范式。

这个结果也表明，任一真值函项可以用 ¬，∨，∧ 三个符号来表达。

现在，我们可以回答在给定 n 个公理后？它有多少不同的推论？

例如，给定 $A \to B$ 和 A 两个前提，它究竟有多少不同的推论？为此，我们先求出 $(A \to B) \wedge A$ 的合取范式：

$$\begin{aligned}(A \to B) \wedge A &\equiv (\neg A \vee B) A \wedge A \\ &\equiv (\neg A \vee B) \wedge (A \vee B) \wedge (A \vee \neg B) \\ &\equiv (\neg A \vee B) \wedge (A \vee \neg B) \wedge (A \vee B)。\end{aligned}$$

设前提为真，则它的三个极小因子均真，由这些极小因子所构成的各种优合取范式也是真的。它们是：

$\neg A \vee B$；

$A \vee \neg B$；

$A \vee B$；

$(\neg A \vee B) \wedge (A \vee \neg B)$；

$(\neg A \vee B) \wedge (A \vee B)$；

$(A \vee \neg B) \wedge (A \vee B)$；

$(\neg A \vee B) \wedge (A \vee \neg B) \wedge (A \vee B)$。

其总数是 $C_3^1+C_3^2+C_3^3=7$。

另一方面，两个变量总共有 4 个极小因子，除上述三个，另一个是 $(\neg A \vee \neg B)$，它不是 $(A \to B) \wedge A$ 所包含的极小因子，而它也恰恰不是 $(A \to B) \wedge A$ 的推论。这是容易理解的。对于 $(\neg A \vee \neg B)$，我们取 A 为真，B 为真，则 $(\neg A \vee \neg B)$ 为假，但其余三个极小因子由于至少有一个变元的符号不同，因而必真，从而 $(A \to B) \wedge A$ 为真，$\neg A \vee \neg B$ 为假，即 $\neg A \vee \neg B$ 不是 $(A \to B)$ 和 A 的推论。

这个结果表明，$(A \to B)$ 和 A 的一切推论正好是它自己的极小因子的各种合取。从而它的推论总比自己弱。

这个结果可以推广到公理系统。设公理包含了命题 x_1，x_2，…，x_n 这些公理究竟包含了多少推论？为此，可以把这些公理命题做成合取，然后按 x_1，x_2，…，x_n 展开成优合取范式，则它的所有极小因子的各种合取恰是推论的总数。

【例 2.3.4】 考察下面前提可以得到什么结论。

如果每个实数都是代数数，那么实数集可数；而实数集不可数。

先将前提符号化得：

$$(A \to B) \wedge \neg B$$

按 A 和 B 展开，求合取范式：

$$(A \rightarrow B) \wedge \neg B \equiv (\neg A \vee B) \wedge (A \vee \neg B) \wedge (\neg A \vee \neg B)。$$

其各种推论是：

$\neg A \vee \neg B$；

$\neg A \vee B$；

$A \vee \neg B$；

$(\neg A \vee \neg B)\ A(\neg A \vee B)$；

$(\neg A \vee \neg B) A(A \vee \neg B)$；

$(\neg A \vee B) A(A \vee \neg B)$；

$(\neg A \vee \neg B) A(\neg A \vee B) A(A \vee \neg B)$。

其中第四个推论相当于 $\neg A$，即有超越数存在。

【例 2.3.5】 考察下面前提的各种推论。

如果速度加法定理是真的(A)，那么若光在恒星系中以等速沿各方向传播(B)，则地球上光速不能在各方向相等(C)。然而根据实验，光速在地球的各个方向相等，并且在恒星系中光以等速沿各方向传播。

先将前提符号化得：

$$A \rightarrow (B \rightarrow C) \wedge (B \wedge \neg C)$$

再按 A、B、C 展开，求合取范式：

$$(A \vee B \vee C) A(A \vee B \vee \neg C) A(A \vee \neg B \vee \neg C)$$
$$\wedge (\neg A \vee B \vee C) A(\neg A \vee B \vee \neg C)$$
$$\wedge (\neg A \vee \neg B \vee C) A(\neg A \vee \neg B \vee \neg C)。$$

各种推论的总数是 $C_7^1 + C_7^2 + C_7^3 + \cdots + C_7^7 = 2^7 - 1$。其中有 1 结论为：

$$(\neg A \vee B \vee C) A(\neg A \vee B \vee \neg C)$$

$$\wedge(\neg A \vee \neg B \vee C)A(\neg A \vee \neg B \vee \neg C),$$

即$\neg A$:速度加法不真。

范式使我们对许多问题有新的认识。

第一,关于联结词的个数。

我们一开始引进五个联结词,这五个联结词不都是必不可少的。由于$\neg p \to q$与$p \vee q$等值,$\to$可以通过$\vee$来定义;$\neg(\neg p \vee \neg q)$与$p \wedge q$等值,$\wedge$也可以通过$\vee$来定义;而$p \leftrightarrow q$与$(p \to q) \wedge (p \to q)$等值,$\leftrightarrow$可以通过$\neg$和$\vee$来定义。从而五个联结词可以节省到两个。席弗尔仅用一个联结词来表达一切真值函项,这个联结词是$\downarrow$:$p \downarrow q$真,当且仅当p和q均假,即是$\neg(p \vee q)$。用这个联结词可以定义$\neg p$为$p \downarrow p$,定义$p \vee q$为$(p \downarrow q) \downarrow (p \downarrow q)$。从而一切真值函项均可定义。

联结词少,在理论分析方面节省了劳动,但在实际使用中大大耗费书写的功夫;联结词多,在实际使用中节省了劳动,但增添了理论分析的麻烦。优范式定理表明,使用$\neg$、$\vee$、$\wedge$三小符号有其特殊的优越性。

首先,它使真值函项有唯一的标准形状。这相当于使每一语句、每一真理具有外形方面的特征,人们只凭肉眼就能“看见”真理,不必去计算,更不必去“理解”。如果联结词太多、太少或者换成其他三个符号,就不容易达到这个目的。

其次,使用$\neg$、$\vee$、$\wedge$三个符号,使$\vee$和$\wedge$有了对称性。一真值函项的析取范式和合取范式可以互相转化。

例如,设有A:$p \to \neg q$。

A的合取范式为:$\neg p \vee \neg q$;

$\neg A$的合取范式为:$(\neg p \vee q) \wedge (p \vee \neg q) \wedge (p \vee q)$;

A的析取范式为:$(p \wedge \neg q) \vee (\neg p \wedge q) \vee (\neg p \wedge \neg q)$。

第二,关于语义和语法。

语义和语法是两个重要概念,在适当场合我们还会作出说明,这里联系范式作初步说明。

一个符号作为一种标记，其本身必须是可感知、可辨认的，它具有一定外形并占据一定空间位置。例如，我们能区别$\vee$与$\wedge$，仅仅是它们的外形和所占空间位置不同。另一方面，一个符号作为标记，它必须有涵义，它必须告诉人们，它标记什么？例如$\vee$和$\wedge$表示了两种不同的计算，或者说两张不同的真值表。

一个概念或命题的建立依赖于符号的涵义，则称为语义的，依赖于符号的外形，则称为语法的。重言式是语义概念，在此基础上建立的蕴涵关系、等值关系、矛盾关系、一致关系都是语义的。但是有了范式理论，这些语义概念都具有语法特征，都能够从语形上直接“看见”。

一个真值函项是重言式，当且仅当它有包含一切极小因子的析取范式，或是空的合取范式。

例如$p \rightarrow \neg q$，它的范式为：

$$(p \wedge q) \vee (\neg p \wedge q) \vee (\neg p \vee \neg q),$$

由于它缺少一个极小因子，故不是重言式。

又如$((p \rightarrow q) \wedge \neg q) \rightarrow \neg p$，它的范式为：

$$(p \wedge q) \vee (p \wedge \neg q) \vee (\neg p \wedge q) \vee (\neg p \wedge \neg q),$$

由于它包含了一切极小因子，故为重言式。

重言式既然可以通过语法来刻画，在此基础上定义的蕴涵、等值、矛盾、一致等概念也都可以通过语法来刻画。

两个真值函项是等值的，当且仅当它们具有相同的范式；一个真值函项蕴涵另一个真值函项，当且仅当一真值函项的极小因子包括了另一真值函项的极小因子。两个真值函项是矛盾的，当且仅当两者没有共同的极小因子，并且没有一个极小因子在两者之外；两个真值函项是一致的，当且仅当两者具有共同的极小因子。

例如，设A为$(p \wedge q) \vee (p \wedge \neg q) \vee (\neg p \wedge \neg q)$，则$\neg A$为$(\neg p \wedge$

q)。A 与 $\neg A$ 没有共同的极小因子，并且所有的极小因子被它们分别占有。

第三，关于逻辑学的本质问题。

关于这个问题，有两种不同的看法。一派认为逻辑是关于思维结构的理论，另一派则认为逻辑与思维无关，思维是看不见的，没有外延，没有结构可言，逻辑类似于数学，是关于运算规则的理论。他们举例说，在数学上有：

$$a>b,$$
$$b>c,$$
$$\text{所以}, a>c。$$

在逻辑上有：

$$\text{所有 } a \text{ 是 } b,$$
$$\text{所有 } b \text{ 是 } c,$$
$$\text{所以，所有 } a \text{ 是 } c。$$

两者类似，并可以用同一形式加以表达：

$$aRb,$$
$$bRc,$$
$$\text{所以}, aRc。$$

表面上，两派说法差别甚远，但是如果从符号和语言都是思想的替身，那么关于“思维的理论”和关于“运算规则的理论”就没有本质的差别。它们都是精神上的东西。维特根斯坦的突破在于把逻辑与物质世界联系了起来。如果用一句话来概括这里的新论点，那就是：命题逻辑是关于物质世界可能情况的理论。

物质世界是由情况总和决定的。这个世界中有雨点、桌子、茶杯等物，但是决定世界的不是这些物，而是天正在下雨、茶杯在桌子上等有关物的情况。每一个物的情况可以称为一个事实,事实是无穷无尽的,但是在特定论域内,我们可以对这些事实进行研究。

第一,我们要枚举所有的原子事实,以确定研究某一问题的论域。对于原子事实,我们只考虑它发生或不发生,而不考虑它的性质以及它与别的原子事实之间的联系。换言之,原子事实是独立的,无因果联系的。我们将把非原子事实归结为一些原子事实的发生或不发生的组合。

第二,计算事实总和。

就一个原子事实而言,事实总和为 2,这个原子事实发生或不发生;两个原子事实 p_1, p_2,事实总和为 4,即 p_1 和 p_2 都发生、p_1 发生 p_2 不发生、p_1 不发生 p_2 发生、p_1 和 p_2 都不发生。对于 n 个原子事实,事实总和为 2^n。这就是我们的物理空间,现在来构造逻辑空间。

第三,如何把事实投影到逻辑上?或者说用可感知的记号来表示这些事实。

一个原子事实(如天正在下雨),投影到逻辑上为 p_1,另一个原子事实(如茶杯在桌子上),投影到逻辑上为 p_2 或 aRb,它表示原子事物的结合构成了原子事实。

天正在下雨,是一个千真万确的事实,但是这个事实不是必然的,有可能不发生这样的事实。但我们不可能"看到"一个未发生的事实,怎样才能够在逻辑平面上"说"一个未发生的事实呢?我们不能用天空中挂着太阳的投影 p_3 来作为天正在下雨不发生的投影,否则就会违背原子事实独立性的假设。逻辑学家创造了符号"¬",帮助我们克服了这个困难。我们用 $\neg p_1$ 来说 p_1 不发生。当我们使用 ¬ 这个符号,论域就出现了。p_1 是论域中的一点,$\neg p_1$ 是论域中除了 p_1 这一点以外的部分。客观世界上不存在"¬"的对应物,"¬"仅有涵义,它指示我们怎样使用 $\neg p_1$ 这个记号,$\neg p_1$ 通过间接计算的方式画出了天不下雨的投影。

当这两个原子事实同时发生时，这个复合事实的投影为 $p_1 \wedge p_2$，同样，“$\wedge$”仅有涵义，在客观世界上并无对应物，$p_1 \wedge p_2$ 通过间接计算方式画出了一个复合事实的逻辑投影。

类似地，$\neg p_1 \wedge p_2$，$p_1 \wedge \neg p_2$，$\neg p_1 \wedge \neg p_2$ 分别是一些事实的投影。当原子事实的个数确定时，一切基本事实的投影可以很方便地做出来。

逻辑空间中还要包括对这些基本事实可能性的陈述。例如，我说“$p_1 \wedge p_2$ 或者 $p_1 \wedge \neg p_2$”其涵义便是指 $p_1 \wedge p_2$ 和 $p_1 \wedge \neg p_2$ 中恰有一个发生。

这个说法似乎成问题，有些命题并非如此直接陈述基本命题发生的可能性。例如“如果气温降低，那么天要下雪。”其表达式为 $p_1 \rightarrow p_2$。但是范式理论告诉我们：

$$p_1 \rightarrow p_2 \equiv p_1 \wedge p_2 \vee \neg p_1 \wedge p_2 \vee \neg p_1 \wedge \neg p_2,$$

因而，那句话终究是在陈述基本事实的可能性。

数理逻辑创造了几种算子，这些算子一方面能够画出基本事实的发生与不发生；另一方面又能使我们对这些基本事实的可能性作出“言说”，“言说”可以看成较高层次的事实投影。

投影与世界的关系通过“真”来实现。我们不能凭空断言某个投影是“真”的，为了确定某个投影为真，必先确定被投影的东西是什么？然后再看被投影的事实发生与否。前者由算子涵义决定，后者是世界的真实情况，因而一命题为真，我们能够想象出世界上对应的一个情况。例如“如果气温降低，那么天要下雪”为真，则世界某论域内可以出现许多情况，唯不出现“天气气温降低而又不下雪”这个基本事实。

就两个原子命题而言，基本事实有 4 个，不同的言说将有 $2^4=16$ 种。如果 A 命题为 $p_1 \wedge p_2$，B 命题为 $\neg p_1 \wedge p_2$，则 A 与 B 不相容，一个为真，另一个为假。如果 D 命题为

$$p_1 \wedge p_2 \vee p_1 \wedge \neg p_2 \vee \neg p_1 \wedge p_2 \vee \neg p_1 \wedge \neg p_2,$$

则 D 为重言式，永真。它把所有 4 种基本事实都列在可能性之中。

重言式的范式，使我们看清了逻辑的本质。它把论域中的一切可能的情况都说到了。一般的命题仅仅凭涵义不能断言其为真或假，而重言式却凭涵义便可断言其为真；一般命题只是与事实相符才能断其为真，而重言式则能够在事先就断言为真。我说"今天下雨"，则要待事后才能知其为真或假，但我说"今天下雨或今天不下雨"则始终为真。然而，重言式的弱点也在于此，它不陈述事实，它不是事实性的真理，而是事实可能性的全体。重言式本身没有真假的条件，但通过重言式这个环节，我们可以解决推理理论。当 C 是 A 的推论时，$A \rightarrow C$ 是重言式，$A \rightarrow C$ 展开的范式包括了所有基本事实的可能性。

第三章
命题演算系统

命题演算系统是指在数理逻辑中,命题演算可以通过运用演算手段即建立形式系统进而把对重言式以及正确推理形式的研究,转变成对形式系统的研究。本章所称的命题演算系统包括三个系统,即重言式形式系统、自然推理系统和重言式公理系统。

第一节　重言式形式系统

真值函项理论使日常的逻辑思维化为单纯的计算,以命题为单位的逻辑思考是正确的,当且仅当其相应的形式是重言式。重言式成了逻辑学最重要的课题之一。例如,能将零乱无穷的重言式整理汇集成一个有序的系统,由一个重言式生成另一个重言式吗?这是更高层次上的运算。为了通过“计算”判别一个日常逻辑思维是否正确,我们创造了真值函项,从非数学领域进入到数学领域;为了将重言式编成有序序列,我们将产生形式系统,从数学的语义进入到数学的语法。这是又一个实质性的转变,我们应当清醒地认识到在语法层次上进行“思维”的性质和特征,用力把握形式化方法的程序和本质。

一、重言式形式系统的逻辑结构

任何形式系统都是由四个要点、两个部分组成的。这四个要点是基本符号、语言生成规则、公理和变形规则。基本符号和生成规则组成语言部分，公理和变形规则组成演绎工具部分。形式系统正是由基本语言生成其他语言以及由基本定理生成其他定理这两部分组成。这语言不是日常语言，而是只具有形状的形式语言；这演绎工具不是逻辑定理，而是移动符号的规则。

重言式形式系统的具体结构如下：

【基本符号】

p，q，r，p_1，q_1，r_1…；

$\neg$，$\vee$；

（，）。

基本符号相当于自然语言中的字母或词，但是它们经过解释以后可以代表一个语句。不加解释时，我们只能从外形和空间位置上辨识它们。我们能看出“$\neg$”与“$\vee$”不同；看出“p”与“q”不同；看出$\neg$，$\vee$与p，q等之间的不同。为说话方便，我们常给这些符号以适当的名称，“$\neg$”称为否定号，“$\vee$”称为析取号，p，q，r等称为命题变元。这些名称暗示了这些符号经解释后的涵义，但是形式系统不依赖这些暗示的解释，它们独立于任何语义解释。

【语言形成规则】

(i) p，q，r等命题变元是语言中的句子。

(ii) 若A是语言中的句子，则$\neg A$是语言中句子。

(iii) 若A，B是语言中句子，则$A \vee B$是语言中句子。

此外没有任何句子。

语言形成规则的第一条规定，p，q，r等被称作命题变元的符号是原始语言句子，第二条和第三条则是由原始语句生成新语句的规则。按第二条，$\neg p$，$\neg q$，$\neg r$是语句；按第三条，$p \vee q$、$\neg p \vee q$、$\neg(p \vee q)$是语句。“此外，没有任何语句”是限制性规则。据此，$p\neg$不是语句，因为按第二条，“$\neg$”的右边必须是一语句。$p \vee$也不是语句，因为按第三条，

“∨”的两边必须都是语句。

很难为语言下一个正确的定义。语言中最重要的是顺序问题。有些字母可以拼成一个词，而同样字母的不同顺序则不是词；有些词按一定顺序是一个语句，但换一个顺序就不是一个有意义的语句。在日常语言中，人们主要靠经验和意义来解决这个难题。人们能够毫无困难地区分出“我要吃饭”和“饭要吃我”中哪一个有意义，哪一个无意义。在人工语言中，“意义”不复存在，人们靠什么来区分合式的语句和不合式的语句呢？主要靠规则。三条规则把一切符号排列分成两类，一类是合乎规则的，它们是我们心目中的有意义语句；一类不合规则，它们是我们心目中无意义的语句。能够想出这样简单规则而又解决如此艰难的问题，这是形式化方法的一个成功。

上面对语言作定义的三条规则，采用了递归定义的方式。描述无穷对象有两种途径，一种是构造法，它一步一步地把我们所需要的元素构造出来。构造的原则应该是有限的、机械可行的。另一种是把无穷元素的条件开出来，用这些条件来展示哪些对象是集合中的元素，哪些对象不是集合中的元素。递归方法属于第一种，公理化方法属于第二种。

如上所述，构造法的特点在于一切元素原则上都可以构造出来，按上面三条规则，形式语言全体可构造如下。

第 0 层语句：$p, q, r, p_1, q_1, r_1, \cdots$

第 1 层语句：$\neg p, \neg q, \neg r, \neg p_1, \neg q_1, \cdots$

$p \vee q, q \vee r, p_1 \vee q_1, \cdots$

第 2 层语句：$\neg\neg p, \neg\neg q, \neg\neg r, \neg\neg p_1, \cdots$

$\neg(p \vee q), \neg(q \vee r), \cdots$

$\neg p \vee p, \neg q \vee p, \neg q \vee r, \cdots$

$((p \vee q) \vee \neg p), (p_1 \vee q_1) \vee (p \vee q), \cdots$

……

第 $n+1$ 层语句：$\neg A_n$：

$$A_n \vee A_i；A_i \text{ 表示第 } i \text{ 层语句。} i=0, 1, 2, \cdots n。$$

第 0 层是原始语句，由它按规则可生成第 1 层语句；由第 0 层和第一层语句可生成第 2 层语言；当生成第 n 层语句后，可按同样方式生成第 $n+1$ 层语句；如此等等。任何一个语句，总处在某一层中。如果我们能证明原始语句具有某性质 p，并且证明如果第 n 层语句具有性质 p，那么第 $n+1$ 层语句具有性质 p，则我们便可以说，一切语句都具有性质 p。

关于形式语言，还有几处需要说明。

第一，目前，我们的语言中还没有符号"→"和"↔"，但它们将作为某些符号串的缩写或定义出现在我们的语言中。即是：

$p \rightarrow q$ 定义为：$\neg p \vee q$；

$p \wedge q$ 定义为：$\neg(\neg p \vee \neg q)$；

$p \leftrightarrow q$ 定义为：$\neg(\neg(\neg p \vee q) \vee \neg(p \vee \neg q))$。

原则上，没有这些新符号，语言也是完备的，引进它们是因为经过解释后，这几个符号与非数学的自然语言有着某种对应。

第二，在语言形成规则第二条和第三条中出现的"A"和"B"等字样不是我们系统中的符号和公式，而是元语言符号。它们是本系统中一些客体的名称，其外延是系统中的符号串。"若 A 是语言，则 $\neg A$ 是语言"这句话的意思是，如果某个符号串是语言，那么这个符号串的最前方作用一个否定号"¬"，结果还是语言。"若 A 是语言，那么 $\neg A$ 是语言"本身不是系统中的语句，而是对系统中语言规则的叙述。从性质上看，它属于叙述、讨论另一种语言的语言，故称为元语言。相应地，那些被叙述、被讨论的语言称为对象语言。如果没有元语言及元语言字母，我们就无法讨论对象语言，无法说出任一语言的否定仍然是语言之类的话。必须记住两类语言的本质差别。p，q，r，$p \vee q$ 等是对象语言，是一些终极客体，而不是什么东西的名称；A，B 等则是这些客体的名称，遇到这些符号，我们可以问：它们是哪一些客体的名称？它们的值域是什么？以后我们常用 A，B，C，A_0，A_1，B_1，C_1 等字母作为形式语言中的语句名称，用 Γ，Δ 等字母作为语句群的名称。

在日常思维中，对象语言与元语言也是重要的语言现象。如用中文叙述和讨论英语规则，中文就是元语言，被叙述和被讨论的英语就是对象语言。但是如用中文来讨论和研究中文语法时，被研究的是对象语言，研究工具的语言则是元语言，如将两者混淆，就会把问题弄得莫名其妙，以致引出所谓悖论。设想用口语问："重言式的否定是什么？"可能的回答有两种：一种是"永假式"，另一种是"永假式或可满足式"。争论的双方很难统一意见，根源在于一种人把"重言式"作为元语言，它代表"$p \vee \neg q$"等表达式，所谓"重言式的否定"则是对"$p \vee \neg q$"的否定，从而得到"永假式"，这里的"永假式"也是元语言。另一种人把"重言式"作为对象语言，"重言式的否定"即是"非重言式"，它相当于"永假式或可满足式"，这里的"永假式或可满足式"也是作为对象语言。

【公理】

(i) $\vdash A \rightarrow A \vee B$；

(ii) $\vdash A \vee A \rightarrow A$；

(iii) $\vdash A \vee B \rightarrow B \vee A$；

(iv) $\vdash (B \rightarrow C) \rightarrow ((A \vee B) \rightarrow (A \vee C))$。

【变形规则】

若 $\vdash A \rightarrow B$，$\vdash A$，则 $\vdash B$。

我们的目的是把重言式汇集成一个系统。第一步，要把我们心目中的重言式演绎地排列出来，使得后一个总可从前面的"演绎"出来，最前面的就是作为出发点的"公理"，它们可以演绎出其他的"重言式"，而它们本身不能由别的"重言式"公式演绎出来。(i)至(iv)本身并不是"公理"，而是四个符号串，最前方的符号"$\vdash$"意为"断定"。"公理"所起的作用是将全部“重言式”条件开设出来。这种作用不是用符号的语义来表达的，而是用符号语言从语法方面对逻辑常项的制约和管制来实现的。正如欧氏几何公理刻画了“点、线、面”等概念，上面(i)至(iv)几个符号串刻画了逻辑常项的性质。例如公理(i)，假设了如下性质：若第一支为真，则析取式为真；公理(ii)假设了析取式两支为假则假的性质；公理(iii)假设了析取式可以交换的性质。正因为这样，公理有“隐定义”之称。为了把全部“条件”都开设出来，公理的数目就必须多到足以把一切所需的性质刻画出来，以免依赖直觉和经验暗自引进“公理”的危险。一旦我们实现了这一点，那么所谓“推演”就是单纯的搬运符号，而无须对符号的意义进行任何思考，从而完成形式化的第一步。

仅有这一步，我们还不能完全决定哪些公式在汇集之列，哪些不在汇集之列。该补充的是从公理到定理的推演工具。在几何、物理的公理化中，充当推理工具的是逻辑，它是预设的前科学。现在逻辑成了我们的研究对象，我们正是要把逻辑定律汇成一个系统，因而担当此任的就是那种“变形规则”，“若 $\vdash A\rightarrow B$，且 $\vdash A$，则 $\vdash B$”这条变形规则的涵义是，如果 $A\rightarrow B$ 和 A 被断定了，那么 B 也被断定。简单地说，从 $A\rightarrow B$ 和 A，可得到 B。有了这两步，形式化可谓完成了。从某一方面看，公理与变形规则组成了一个无穷集合，这个集合中所有元素为：公理公式(i)至(iv)是原始元素；由公式(i)至(iv)按变形规则生成的公式是生成的元素。如果要证明本系统一切定理都具有某性质 p，那么可以采取如下两步：第一，证明原始元素(i)至(iv)具有性质 p；第二，证明如果 $A\rightarrow B$ 和 A 都具有性质 p，则 B 也具有性质 p。实现了这两步，我们就能够说，一切定理都具有性质 p。

在叙述公理时，我们使用了“A，B”等元语言字母，它们代表本系统中任一合式公式，当我们对 A 和 B 作出某种指明后，公理模式(i)至(iv)就变成了公理。例如，A 指 $p\vee q$，B 指 $p\vee\neg q$，则$(p\vee q)\rightarrow$

$((p \vee q) \vee (p \vee \neg q))$就是一条公理。所以 $A \rightarrow A \vee B$ 表示了无穷条公理，这无穷条公理有一个上述的共同模式。“$\vdash$”也是元语言符号，如前所述，它表示在其辖域中的公式是本系统要断定的。为了说话方便，在不引起误会情况下，我们也把公理模式说成“公理”。变形规则是有涵义的，其中的“若……则”的涵义正是通常意义下所具有的。因此“变形规则”实际上是一个元逻辑概念，它不能在系统内定义。

二、重言式形式系统的方法

形式系统的构造完成以后，接下来的任务就是如何运用公理和变形规则将其余的“重言式”公式推演出来，由此我们将能得到一次难得的形式思维训练。

【定理 1】　$\vdash (B \rightarrow C) \rightarrow ((A \rightarrow B) \rightarrow (A \rightarrow C))$。

关于$\vee$、$\neg$、$\rightarrow$这几个符号，我们已经有了不少知识，但是在目前推演定理时，我们只能严格地依公理行事，决不能引进超出公理的任何知识和假定。

为了证明定理 1，我们先观察它的形状与哪条公理相似，以便确定行动方案。看得出公理(iv)可以成为我们的出发点。

【证明】

1°　$\vdash (B \rightarrow C) \rightarrow ((\neg A \vee B) \rightarrow (\neg A \vee C))$　(公理(iv))；

2°　$\vdash (B \rightarrow C) \rightarrow ((A \rightarrow B) \rightarrow (A \rightarrow C))$　(定义)。

【定理 2】　$\vdash A \rightarrow A$。

现在，我们的“知识”增加了一条，这就是定理 1。定理 1“提示”我们，如果第二公式蕴涵第三公式，而第一公式蕴涵第二公式，那么第一公式蕴涵第三公式。为了证明定理 2，我们可以在“$A \rightarrow A$”中的第一个 A 和第二个 A 之间插入一项 C，使得 $A \rightarrow C$，$C \rightarrow A$，从而得到关于 $A \rightarrow A$ 的证明。由公理 1，$A \rightarrow A \vee C$，由公理 2 得到 $A \vee A \rightarrow A$，于是证明有了线索，让我们选择“$A \vee A$”作为中间项 C。

【证明】

1° $\vdash A \to (A \vee A)$；

2° $\vdash A \vee A \to A$；

3° $\vdash ((A \vee A) \to A) \to ((A \to A \vee A) \to (A \to A))$ （定理1）；

4° $\vdash (A \to A \vee A) \to (A \to A)$ （分离）；

5° $\vdash A \to A$ （分离）。

由3°到4°，第一次使用了分离规则。序列中第三个公式是蕴涵式，第二个公式是它的前件，根据变形规则，可以得到第四个公式，它是第三个公式的后件，再用一次分离规则，获得了定理2。

【定理3】 $\vdash \neg A \vee A$。

【证明】

1° $\vdash A \to A$ （定理1）；

2° $\vdash \neg A \vee A$ （定义）。

【定理4】 $\vdash (A \vee \neg A)$。

【证明】

1° $\vdash \neg A \vee A \to A \vee \neg A$ （公理3）；

2° $\vdash \neg A \vee A$ （定理3）；

3° $\vdash A \vee \neg A$ （分离）。

【定理5】 $\vdash A \to \neg\neg A$

【证明】

1° $\vdash (\neg A) \vee \neg(\neg A)$；

2° $\vdash A \to \neg\neg A$。

【定理6】 $\vdash \neg\neg A \to A$。

为了证明定理6，先将其变形为：$\neg\neg\neg A \vee A$，由定理5知道：$\vdash \neg A \to \neg(\neg\neg A)$，由定理3，$\vdash \neg A \vee A$，因此证明过程为：

【证明】

1° $\vdash \neg A \to \neg\neg\neg A$；

2° $\vdash(\neg A\to\neg\neg\neg A)\to((\neg A\vee A)\to(\neg\neg\neg A\vee A))$；

3° $\vdash(\neg A\vee A)\to(\neg\neg\neg A\vee A)$；

4° $\vdash\neg A\vee A$；

5° $\vdash\neg\neg\neg A\vee A$；

6° $\vdash\neg\neg A\to A$。

序列中第二个公式是由第一个公式运用“右加”而生成的，但公理 4 只假设了“左加”规则，读者容易证明左加可以演绎出右加。

对于公理和变形规则，我们有了上面的一些初步应用。现在我们将用几个定义来总结如上一番论述。

什么是证明？形式系统中的形式证明是指几个公式组成的序列。序列中每一公式或是公理，或是前面公式运用变形规则生成的公式。这个定义与非形式中的证明定义有很大的不同。但也有相似之处，序列中公理则相当于非形式证明中的根据，变形规则相当于非形式证明中的“逻辑”。

什么是定理？公式 A 是形式定理，当且仅当关于 A 存在一个证明序列，而这个序列中最后一个公式恰是 A。例如，关于公式 $A\to A'$存在着由六个公式组成的序列（见定理 2 的证明），其中每一个公式或是公理，或是前面公式按变形规则所生成的公式，最后一个公式恰是 $A\to A$。

什么是直接后承？如果从 $A\to B$ 和 A 生成了 B，则 B 是 $A\to B$ 和 A 的直接后承。

公理是本系统中的原始可证公式或定理，它们的直接后承以及它们与直接后承所生成的直接后承也是本系统的可证公式。公理和变形规则就是这般地汇集了无穷的“重言式”公式，它是描述无穷的有力工具。

至此，我们面前已经呈现出一个清清楚楚的形式系统，它是站在元逻辑的立场上叙述出来的。它不是以往日已知工具的面貌而是以研究客体的形式出现的。这个系统内没有什么语言和逻辑定理，仅有各种不同的符号排列，但是哪些符号排列是本系统中语言公式，哪些不是？哪些符号排列是本系统中可证公式，哪些不是？这些都有清清楚楚的界线。提供这样简练的体系不是一朝一夕之功。下面将提供一些科学史料，从中可知一个形式系统的构造是逐步完善的。

三、从弗雷格系统到罗素、希尔伯特系统

逻辑史上第一个初步自足的逻辑演算体系是弗雷格创造的。他的体系所采用的是二维平面符号，用现在符号可表达成如下九条公理：

1. $p \to (q \to p)$；

2. $(p \to (q \to r)) \to (q \to (p \to r))$；

3. $(p \to (q \to r)) \to ((p \to q) \to (p \to r))$；

4. $(\neg q \to \neg p) \to (p \to q)$；

5. $\neg \neg p \to p$；

6. $p \to \neg \neg p$；

7. $(x = y) \to (F(x) = F(y))$；

8. $x = x$；

9. $\forall x (F(x) \to F(y))$。

弗雷格已经认识到，除了规定公理外，还需要用自然语言表达的我们现在所称的变形规则。他明确制定了谓词演算的后件概括规则，即从$\vdash A \to F(x)$，可得：$\vdash A \to \forall x F(x)$。他还提出了分离规则，但没有明确提出代入规则。

这九条公理中，六条涉及命题演算，三条是关于谓词演算的。波兰逻辑学家罗卡西维奇指出，这六条公理中有三条不独立，它们可以从另外三条中推出来。具体地说，由上述公理 1、2、4 可以推出公理 3、5、6。

我们并未见到罗卡西维奇的推导过程，但是我们自己能胜任这项工作，下面，我们以弗雷格系统中公理 1、2、4 为公理并以分离规则为

变形规则，将弗雷格系统中的公理 3、5、6 推导出来。为此，我们重建如下的 F 系统：

【公理】

1. $\vdash A \to (B \to A)$；

2. $\vdash A \to (B \to C) \to ((A \to B) \to (A \to C))$；

3. $\vdash (\neg A \to \neg B) \to (B \to A)$。

【分离规则】 若 $\vdash A \to B$ 并且 $\vdash A$，则 $\vdash B$。

【定理 1】 $\vdash A \to A$。

如将上述公理 2 中的 C 改为 A，则要证明的公式 $A \to A$ 就被构造出来了；又如将其中的 $A \to (B \to C)$ 和 $(A \to B)$ 两次分离掉，便可得 $A \to A$。如将公理 2 中的 B 取为 $B \to A$，上述分离目的即可达到。

【证明】

1° $A \to ((B \to A) \to A)$ （公理 1）；

2° $A \to ((B \to A) \to A) \to (A \to (B \to A) \to (A \to A))$；

3° $(A \to (B \to A)) \to (A \to A)$；

4° $A \to A$。

【定理 2】 $\vdash (B \to C) \to ((A \to B) \to (A \to C))$。

如果公理 2 的前后件之前分别增加 $(B \to C) \to$，欲证公式顷刻可得。

【证明】

1° $A \to (B \to C) \to ((A \to B) \to (A \to C))$；

2° $(B \to C) \to (A \to (B \to C) \to ((A \to B) \to (A \to C)))$；

3° $(B \to C) \to (A \to (B \to C)) \to$

$(B \to C) \to ((A \to B) \to (A \to C))$；

4° $(B \to C) \to ((A \to B) \to (A \to C))$。

【定理 3】 $\vdash \neg B \to (B \to A)$。

【证明】

1° $(\neg A \to \neg B) \to (B \to A)$；

2° $\neg B \to (\neg A \to \neg B)$；

3° $\neg B \to (B \to A)$。

【定理 4】 $\vdash (\neg A \to A) \to A$。

【证明】

1° $\neg A \to (A \to \neg(\neg A \to A))$ （定理 3）；

2° $(\neg A \to A) \to (\neg A \to \neg(\neg A \to A))$；

3° $(\neg A \to \neg(\neg A \to A)) \to ((\neg A \to A) \to A)$；

4° $(\neg A \to A) \to ((\neg A \to A) \to A)$；

5° $((\neg A \to A) \to (\neg A \to A)) \to ((\neg A \to A) \to A)$；

6° $(\neg A \to A) \to A$。

【定理 5】 $\vdash A \to \neg\neg A$。

【证明】

1° $(\neg\neg A \to \neg A) \to \neg A$ （定理 4）；

2° $\neg\neg\neg A \to (\neg\neg A \to \neg A)$ （定理 3）；

3° $\neg\neg\neg A \to \neg A$；

4° $A \to \neg\neg A$ （弗雷格系统中公理 5）。

【定理 6】 $\vdash \neg\neg A \to A$。

【证明】

1° $A \to \neg\neg A$；

2° $\neg A \to \neg\neg\neg A$；

3° $\neg\neg A \to A$ （弗雷格系统中公理 6）。

【定理 7】 $\vdash (A \to (B \to C)) \to (B \to (A \to C))$。

【证明】

1° $A \to (B \to C) \to ((A \to B) \to (A \to C)$；

2° $B \to (A \to (B \to C)) \to (B \to (A \to B) \to (A \to C))$；

3° $(B \to (A \to (B \to C))) \to (B \to (A \to B)) \to (B \to (A \to C))$；

4° $((B \to (A \to (B \to C))) \to (B \to (A \to B))) \to$

$((B \to (A \to (B \to C))) \to (B \to (A \to C)))$；

5° $(B \to (A \to (B \to C))) \to (B \to (A \to C))$；

6° $(A \to (B \to C)) \to (B \to (A \to (B \to C)))$；

7° $(A \to (B \to C)) \to (B \to (A \to C))$。

最后一个公式是弗雷格系统中的公理 3。至此弗雷格系统中的公理 3、5、6 确实可由公理 1、2、4 推导出来。从中我们看到 F 系统与弗雷格系统是等价的。为了证明不同公理所组成的系统是等价的，我们只需要证明这两个系统中的公理可以互推即可。其次，由此还产生一个问题：F 系统中的公理还能再减少吗？即其中的某一个公理能从其余几条中推导出来吗？这个问题称为公理的独立性问题，在后面的章节中，我们将提供解决这一问题的一般方法。

逻辑史上另一个有代表性的体系是罗素建立的。其公理如下：

1. $p \vee p \to p$；
2. $p \to p \vee q$；
3. $p \vee q \to q \vee p$；
4. $(q \to r) \to ((p \vee q) \to (p \vee r)$；
5. $(p \vee (q \vee r)) \to (q \vee (p \vee r))$。

这个系统缺少变形规则，比弗雷格的系统倒退了一些。同时，可以证明第五条公理与前四条不独立，希尔伯特指出了这一点，并构造了 H 系统：

【公理】

1. $\vdash p \to p \vee q$；
2. $\vdash p \vee p \to p$；
3. $\vdash p \vee q \to q \vee p$；
4. $\vdash (q \to r) \to ((p \vee q) \to (p \vee r)$。

【变形规则】

1. 代入规则：若 $\vdash A$，则 $\vdash A(B/\pi)$，其中(B/π)表示以 B 代换命

题π。

2. 分离规则：若$\vdash A\to B$且$\vdash A$，则$\vdash B$。

从弗雷格到罗素，命题逻辑形式系统的符号简便易行了；从罗素到希尔伯特，形式体系的元理论产生了，这是形式化的一个重大进步。

第二节　自然推理系统与重言式公理系统

我们已经构造了重言式形式系统，但是这个系统还不能直接刻画逻辑推理关系。设有如下公式D：

$$(B\to C)\to((A\to B)\to(A\to C)),$$

它的意义是什么？

第一种解释，公式D是一个重言式。此时我们把D中蕴涵号解释成一张特制的真值表。

第二种解释，公式D是H系统中一个可证公式。此时我们把D中蕴涵号看成受H中公理和变形规则制约的客体。

第三种解释，公式D表示：如果B推出C，A推出B，则A推出C。但是这种解释没有根据，仅仅是主观想象，如果随意把蕴涵号"$\to$"解释成"推出"，会编造出许多荒谬的说法。

但是人们毕竟要弄清楚H系统中的蕴涵号和"推出"有什么关系？H中的逻辑规律和逻辑推理有什么关系？直至1928年逻辑史上推得演绎定理，问题才有了眉目。演绎定理的内容是：

若$\Gamma, A\vdash B$，则$\Gamma\vdash A\to B$。

这个定理是逻辑史上一个重大成果，它揭示了H系统与逻辑推导的关系。如果以Γ和A为前提，在H中能推演出B，那么，$A\to B$是H中以Γ为前提的"可证公式"。后来1934年、1953年逻辑学家以逻辑推导为主题所做的研究获得了重大进展，建立了自然推理系统。

自然推理系统的主要概念是推导关系。公式集Γ与公式A之间存在着推导关系，记为 $\Gamma \vdash A$，它表示以 Γ 为前提可以演绎出 A。自然推理系统规定了一些基本推导公式，然后由它们生成其他推导关系。下面我们将建立 M 系统，并证明 H 和 M 之间的等价性。

M 系统的语言和 H 系统中的语言相同。M 系统中的规则如下：

1. 设 $\Gamma, \alpha \vdash \beta$，则 $\Gamma \vdash \alpha \to \beta$；
2. $\alpha \to \beta, \alpha \vdash \beta$；
3. $\alpha, \beta \vdash \alpha \wedge \beta$；
4. $\alpha \wedge \beta \vdash \alpha, \beta$；
5. $\alpha \vdash \alpha \vee \beta, \beta \vdash \alpha \vee \beta$；
6. 若 $\alpha \vdash \gamma, \beta \vdash \gamma$，则 $\alpha \vee \beta \vdash \gamma$；
7. 若 $\Gamma, \neg \alpha \vdash \gamma, \neg \gamma$，则 $\Gamma \vdash \alpha$。

规则 1 表示，如果要证明 $\alpha \to \beta$ 形状的公式，则可先假设 α，再证由 α 可推演 β，如果实现了这一步，则可说 $\alpha \to \beta$ 得证。此规则称为蕴涵引入规则，它由两部分组成，如果存在什么样的推导公式，则必存在另一个什么样的推导公式。

规则 2 表示，由 $\alpha \to \beta$ 和 α，则可得 β，此规则称为蕴涵消去规则，这是一条原始推导规则。

规则 3 和 4 相当于联言合成式和分解式，分别称为合取引入规则和合取消去规则。

规则 5 表示，由 α 可得 $\alpha \vee \beta$，称为选言引入规则。

规则 6 表示，如果存在 $\alpha \vdash \gamma$ 和 $\beta \vdash \gamma$ 这两个推导公式，则存在另一个推导公式 $\alpha \vee \beta \vdash \gamma$。如果要证明 $\alpha \vee \beta$ 可以推出 γ，可先证 α 和 β 分别可推出 γ，实现了这一步，则可说 $\alpha \vee \beta$ 可以推出 γ。

规则 7 表示，当着 $\neg \alpha$ 推出一对矛盾时，则可消去 $\neg \alpha$ 而得到 α，称为否定号的反消规则，也称强反证法。

由此可见 M 系统中的规则分成两类，一类是规则 2、3、4 和 5，它们是原始推导公式，直接由前提生成结论；另一类是规则 1、6 和 7，称为间接推导公式，它们规定由怎样的推导公式可以生成怎样的推导公式。但即使是原始推导公式，也不是 H 系统中的可证公式。

M 系统包含了众多可派生的推导公式，从而提供了日常思维和科学研究的逻辑工具。下面是一些派生的推导公式及其派生过程。

【定理 1】 $A \vdash B \rightarrow A$。

【证明】

1° $A, B \vdash A$；

2° $A \vdash B \rightarrow A$。

【说明】 上述第一个推导公式成立是基于如下假设：一个假设及这个假设下的结论可以在假设下重复出现。有些教材把这一假设称为重述或重复规则。

【定理 2】 $A \rightarrow B, B \rightarrow C \vdash A \rightarrow C$。

【证明】

1° $A, A \rightarrow B, B \rightarrow C \vdash B, B \rightarrow C$；

2° $B, B \rightarrow C \vdash C$；

3° $A, A \rightarrow B, B \rightarrow C \vdash C$；

4° $A \rightarrow B, B \rightarrow C \vdash A \rightarrow C$。

【说明】 上述第三个推导公式用到了推导关系的传递性。即是若 $B \vdash C$，$A \vdash B$，则 $A \vdash C$。这条规则未在系统内写明，但被 M 系统默认。

【定理 3】 $A \rightarrow (B \rightarrow C), A \rightarrow B \vdash A \rightarrow C$。

【证明】

1° $A, A \rightarrow (B \rightarrow C) \vdash B \rightarrow C$；

2° $A, A \rightarrow B \vdash B$；

3° $B \rightarrow C, B \vdash C$；

4° $A, A \rightarrow (B \rightarrow C), A \rightarrow B \vdash C$；

5° $A \rightarrow (B \rightarrow C), A \rightarrow B \vdash A \rightarrow C$。

从定理 1 到定理 3 的证明过程中，我们看到 M 系统中的证明也是一个序列，序列的每一个推导公式都是基本推导公式，而最后一个公式是 M 中派生的定理。为了简化证明的书写，有时我们采用下面的斜线法。

【定理 4】 $A \vee B$，$\neg A \vdash B$。

【证明】

1° $A \vee B$

2° $\neg A$

3° A

4° $\neg B$

5° A

6° $\neg A$

7° B

8° B

9° B

10° B

【说明】 序列 1°至 10°组成了完整的证明。1°至 2°是假设，首尾相接。3°至 7°证明了在 1°和 2°假设下由 A 可推 B；8°和 9°证明了在 1°和 2°假设下由 B 可推 B，这样就完成了 1°和 2°可推导 B 的过程。

序列中 1°和 2°是两个并列的假设，它们首尾相接，3°也是假设，接在 2°之后，但为了运用反证法，又假设了 4°，5°和 6°已与 4°对齐，表明它们不是假设，而是 1°至 4°的推论。由于出现了 A 和 $\neg A$，故可得 B。B 写在与 A 对齐的位置上，表示消去了假设 4°。10°写在与 $\neg A$ 对齐的位置上，表示已消去了 A 和 B 两个假设。

【定理 5】 $A \rightarrow B$，$\neg B \vdash \neg A$

【证明】

1° $A \rightarrow B$

2° $\neg B$

3° A

4° B

5° $\neg B$

6° $\neg A$

【说明】 为了用反证法，我们继续假设公式 A，并由此推导出 B 和 $\neg B$，最后消去 A，而得 $\neg A$。要注意这里运用的是否定号的引入而不是消去，为此，我们补充证明否定号的引入规则。

【定理 6】 若 $\Gamma, A \vdash r, \neg r$，则 $\Gamma \vdash \neg A$。

【证明】

1° Γ

2° $\neg\neg A$

3° $\neg A$

4° $\neg\neg A$

5° A

6° r

7° $\neg r$

8° $\neg A$

【说明】 序列中 2°是假设，为了运用反证法，我们假设 $\neg(\neg A)$，3°也是假设，这是为了证明 $\neg\neg A$ 只能推导出 A。6°和 7°是已知 Γ 和 A 产生的一对矛盾，8°是运用否定消去规则。定理 6 表明否定号引入规则弱于否定号消去规则。

M 系统和 H 系统风貌各异，但是它们是等价的。为了证明这一点，我们尚需引入一些概念。

第一个是关于 M 系统中的可证公式。

在 M 系统中，由 $A \vdash_M B$，可得 $\vdash_M A \to B$，它表示以空前提即没有任何前提公式可推导出 $A \to B$。一般地，我们把空前提的推导公式看

成 M 中的可证公式。例如由 $A \vdash_M A$，得 $\vdash_M A \to A$，故 $A \to A$ 是 M 中的可证公式。

第二个是关于 H 中的推演定理。

H 系统本身是一个演绎系统，它能由一些重言式演绎出另一些重言式。但是演绎的过程只能由公理和变形规则为依据，我们把这个过程称为"证明"。如果在"证明"中除了可依据公理和变形规则，还可适当用假设，那么在假设下所得结论，称为由前提到结论的"推演"。说得更严格些，所谓由 Γ 推演出 A，是指存在一个序列，序列中每一个公式或公理，或是假设（即是 Γ 中的公式）或是前面公式按变形规则所生成的公式，而最后一个公式是 A。例如下面 1°至 3°组成由 A 到 $A \vee B$ 的推演。

1° A；

2° $A \to A \vee B$（公理）；

3° $A \vee B$（分离）。

下面 1°至 7°组成了由 $A \to (B \to C)$，$(A \to B)$和 A 到 C 的推演

1° $A \to (B \to C)$；

2° $A \to B$；

3° A；

4° $A \to (B \to C) \to ((A \to B) \to (A \to B))$（定理）；

5° $(A \to B) \to (A \to C)$（分离）；

6° $A \to C$（分离）；

7° C（分离）。

1°至 3°组成的序列并不是 H 中的证明，因为公式 1°只是假设；1°至 7°组成的序列中，由于 1°和 2°、3°都只是假设，因而这个序列也不是证明。这些序列是一个由一定的前提到一定结论的推演。一般地 Γ 推演出 A 可记为：

$$\Gamma \vdash_H A。$$

引入这两个新概念后，H 中不仅有可证公式，还有推演定理；M 中不仅有推导公式，还有可证公式。很明显，两个系统中“可证公式”意义并不一样；两个系统中的推演公式和推导公式的意义也不一样，但我们能够证明：按形状看，一个系统中的可证公式或推演公式，也是另一个系统中可证公式或者推导公式。

【命题 7】 H 中的可证公式是 M 中的可证公式。

为了证明命题 7，需分两步走。第一步，证明 H 中的公理都是 M 中的可证公式；第二步，证明 H 中的分离规则在 M 中成立。

【证明】

1. 证明 $\vdash_M A \to (A \vee B)$；

   1° $A \vdash_M A \vee B$；

   2° $\vdash_M A \to (A \vee B)$。

2. 证明 $\vdash_M A \vee B \to B \vee A$；

   1° $A \vdash_M B \vee A$；

   2° $B \vdash_M B \vee A$；

   3° $A \vee B \vdash_M B \vee A$；

   4° $\vdash_M A \vee B \to B \vee A$。

3. 证明 $\vdash_M A \vee A \to A$；

   1° $A \vdash_M A$；

   2° $A \vdash_M A$；

   3° $A \vee A \vdash_M A$；

   4° $\vdash_M A \vee A \to A$。

4. 证明 $\vdash_M (B \to C) \to ((A \vee B) \to (A \vee C))$；

   1° $B \to C,\ B \vdash C$；

   2° $B \to C,\ B \vdash A \vee C$；

   3° $B \to C,\ A \vdash A \vee C$；

   4° $B \to C,\ A \vee B \vdash A \vee C$；

5° $B \to C \vdash A \vee B \to A \vee C$；

6° $\vdash (B \to C) \to ((A \vee B) \to (A \vee C))$。

5. 证明　若 $\vdash_M A \to B$，$\vdash_M A$，则 $\vdash_M B$；

1° $A \to B$，$A \vdash_M B$；

2° $\vdash_M A \to B$，A；

3° $\vdash_M B$。

上述结果表明：H 中的可证公式都是 M 中的可证公式。H 中的可证公式或是公理本身，或是由公理通过分离规则所生成的公式，我们证明了 1 至 4，完成了归纳基始；证明了 5，完成了归纳推步，按归纳法可知一切 H 中的可证公式是 M 中的可证公式。

【命题 8】 一切 H 中的推演定理都是 M 中的推导公式。

设 $\Gamma \vdash_H C$，则有一个相应的推演序列 C_1，C_2，…，C_n，我们要证明对每个 C_i 都有：

$$\Gamma \vdash_M C_i (i=1, 2, \cdots, n)。$$

【证明】

归纳基始：证明　$\Gamma \vdash_M C_1$。

由于 C_1 或是 Γ 中的公式，或是 H 中的可证公式，故可分两种情况证明。

情况一：C_1 是 Γ 中的公式，

则 $\Gamma \vdash_M C_1$。

情况二：C_1 是 H 中的可证公式，

则 $\Gamma \vdash_M C_1$（命题 7）。

归纳推步：设对 C_1，C_2，…，C_k，有 $\Gamma \vdash_M C_i$　$i=1, 2, \cdots, k$。欲证 $\Gamma \vdash_M C_{k+1}$。

同样有两种情况。

情况一：C_{k+1} 是 H 中的可证公式或是 Γ 中公式，则如基始那样证明。

情况二：C_{k+1}是 H 中的分离规则生成的。则必存在 $j \leqslant k$，使得：

$$\Gamma \vdash_H Cj \to C_{k+1}, \Gamma \vdash_H Cj, (C_i = C_j C_{k+1}, l \leqslant k)。$$

按归纳假设，得：

$$\Gamma \vdash_M C_j \to C_{k+1}, \Gamma \vdash_M C_j,$$

从而有：$\Gamma \vdash_M C_{k+1}$。

【命题 9】 M 中的推导公式都是 H 中的推演定理。

【证明】 设 $\Gamma \vdash_M A$，欲证 $\Gamma \vdash_H A$。

1. 关于(→－)：即证　$A \to B, A \vdash_H B$。

　1° $A \to B$；

　2° A；

　3° B。

2. 关于(→＋)：即证　若 $\Gamma, A \vdash_H B$ 则 $\Gamma \vdash_H A \to B$。

我们把这个证明留到第八章去完成。

3. 关于(∧＋)：即证　$A, B \vdash_H A \wedge B$。

　1° A；

　2° B；

　3° $A \to (B \to A \wedge B)$（H 中定理）；

　4° $A \wedge B$。

4. 关于(∧－)：即证　$A \wedge B \vdash_H A$。

　1° $A \wedge B$；

　2° $A \wedge B \to A$；

　3° A。

5. 关于(∨＋)：即证　$A \vdash_H A \vee B$。

　1° A；

　2° $A \to A \vee B$；

3° $A \vee B$。

6. 关于($\vee -$):即证　若 $A \vdash_H r$, $B \vdash r$,则 $A \vee B \vdash_H r$。

1° $A \vee B$;

2° $A \rightarrow r$　由假设 $A \vdash_H r$ 及($\rightarrow +$);

3° $B \rightarrow r$　由假设 $B \vdash_H r$ 及($\rightarrow +$);

4° $(A \rightarrow r) \rightarrow ((B \rightarrow r) \rightarrow (A \vee B \rightarrow r))$;

5° r。

7. 关于($\neg -$):即证　若 Γ, $\neg A \vdash_H r$, $\neg r$,则 $\Gamma \vdash_H A$。

1° $\Gamma \vdash_H \neg A \rightarrow r$;

2° $\Gamma \vdash_H \neg A \rightarrow \neg r$;

3° $\Gamma \vdash_H (\neg A \rightarrow r) \rightarrow ((\neg A \rightarrow \neg r) \rightarrow A)$;

4° $\Gamma \vdash_H A$。

一切 M 中的可推导公式或是 M 中规则 2、3、5、6,或是由 1、4 和 7 生成,我们既证明了 2、3、5 和 6,就证明了归纳基始;既证明了 1、4 和 7,就证明了归纳推步,按归纳法,一切 M 中的推导公式均是 H 中的推演公式。

由命题 9 可以推论。一切 M 中的可证公式均是 H 中的可证公式。这是因为,M 中的推导公式都是 H 中的演绎公式,M 中的可证公式是一种空前提的推导公式,它也是 H 中的推演公式,而 H 中的推演公式总有一可证公式与之对应(演绎定理)。至此,两种截然不同的系统之间的等价关系被证明了。

命题 7 至命题 9 的意义并不是在 H 或 M 中增加一条具体的定理,而是在这两个系统之间架起了一座桥梁,使得两个系统得到了一一对应。完成这个任务不能像完成系统内的一个定理的证明那样只能依赖于该系统的定义。数学归纳法成了我们的主要工具。

以命题 8 为例,我们要证明的是凡是 H 中的推演公式都是 M 中的推导公式。H 中的推演公式无穷而又无序,如何才能完成这个命题的证明呢？数学归纳法提供了解决问题的线索。H 中的推演公式虽然无穷，但是可以从序列的长度着手分类：有些推演公式的推演序列长度为1；有些推演公式的推演序列长度为 2；一般来说，任一推演公式的推演序列长度为 K，(K 为有限数）这样，我们就为 H 中的推演公式进行了编号 1, 2, …, n …，从无序到有序。接着，我们要分析编号为 1 的推演公式，有哪些情况，它或是 H 中的公理，或是 Γ 中的公式；一般地，我们要分析编号为 K 的推演公式，它有哪些情况，它或是 H 中公理，或是 Γ 中公式，或是由分离规则生成了 A 的推演公式。最后，在分类清楚、情况明了基础上运用归纳法完成命题的证明。利用数学归纳法完成的命题一般具有可构性，它提供了具体证明的构造过程，例如，如果我们想证明下述公式：

$$A\to(B\to C),\ (A\to B),\ A\vdash_M C,$$

便可这样考虑：先在 H 中做出由 $A\to(B\to C)$, $(A\to B)$, A 到 C 的推演序列，然后根据这个序列构造出 M 中的序列。具体做法如下：

在 H 中：

1° $A\to(B\to C)$；

2° $A\to B$；

3° A；

4° $A\to(B\to C)\to((A\to B)\to(A\to C))$；

5° $A\to C$；

6° C。

在 M 中：

1° $A\to(B\to C)$

2° $A\to B$

3° A

⋮ ⋮

$(K)^{\circ}$　　$A\to(B\to C)\to((A\to B)\to(A\to C))$

$(K+1)^{\circ}$ $A\to C$

$(K+2)^{\circ}$ C

【说明】 H 中的公式 1°至 3°是 H 中的假设，所以公式 1°至 3°也是 M 中的推演序列公式；H 中的公式 4°是 H 中的定理，故在 M 中必有子序列 4°至 K°，它表明公式 4°终将是 M 中的推演序列公式：H 中 5°至 6°是 H 中的分离规则所生成的，所以 M 中也必有这两个公式。

因此，没有数学归纳法，我们也能逐个完成诸如此类的证明，数学归纳法的作用是以一般代替逐个证明。因为这缘故，直觉主义是承认数学归纳法的。

由于 M 系统和 H 系统之间的等价性，人们可以直接以 M 中的推导公式为逻辑工具，而不必借用重言式转弯抹角地来达到同样的目的，也避免了误会。

人们常常从重言式$(B\to C)\to((A\to B)\to(A\to C))$而想起如下推理：若 B 推出 C，A 推出 B，则 A 推出 C。其实这个想法是错误地把蕴涵号“→”解释成“推出”而产生的。只是这个错误做法碰巧得到了正确结果。在 M 中，

$$若\ B\vdash_{M}C,\ A\vdash_{M}B,\ 则\ A\vdash_{M}C$$

是假设成立的，因而人们习惯的推导关系传递性不是重言式形式系统 H 所直接揭示的，而是自然推理系统 M 默认的。

也有一部分人把重言式$(B\land A\to C)\to((B\to C)\lor(A\to C))$解释成：若 $B\land A$ 推出 C，则 A 推出 C 或 B 推出 C。这个错误做法得到了错误结果。在 M 中：

$$若\ A\land B\vdash_{M}C，则\ A\vdash_{M}C\ 或\ B\vdash_{M}C$$

是不成立的。这是因为，在 M 中，

$$A \vdash_M A \wedge B \text{ 和 } B \vdash_M A \wedge B$$

都不成立,但是在 M 中,

$$A \wedge B \vdash_M A \wedge B$$

是显然成立的。因此,纠正人们误会的不是重演系统 H 而是自然推理系统 M。

另一部分人把重言式 $(\neg A \to r) \to ((\neg A \to \neg r) \to A)$ 解释成:若 $\neg A$ 推出 r 和 $\neg r$,则 A 成立。这个结果能成立吗? 确实在 M 中,下述推理成立:

$$\text{若} \neg A \vdash r, \neg r, \text{则} \vdash A。$$

但是这个推理并不是所有人都赞同的。关于这个问题,我们在第四章中将会详细说明。

第四章
直觉主义逻辑的思想和方法

当今流行的形式逻辑和数理逻辑有两条纲领性的原则。第一条是外延原则,它体现于逻辑理论的各个部分。两个概念仅当外延相同才是同一的;两个判断仅当等值才是同一的;一个推理的有效性则完全由外延决定。第二条是排中律,这条定律是构造逻辑的基本原则,逻辑理论的各个部分要“保护”它的成立。如果否认这两条纲领性的原则,逻辑的性质就将发生质的变化。否认外延原则,逻辑就由外延的性质转变为内涵的性质。否认排中律,逻辑就由经典的转变为非经典的。当今逻辑理论的一切优劣无不归之于这两条基本原则。

20 世纪之前,所有逻辑学家、数学家都相信亚里士多德(Aristotle,公元前 384—前 322)建立起来的排中律原理,这条原理指出:任一命题 A 与它的否定 $\neg A$ 至少一真。把排中律与另一条公认无疑的 A 与至少一假的矛盾律结合在一起,便可断言:任一命题 A, $\neg A$ 与恰是一真、一假。它成为各种逻辑学派和逻辑体系的核心。但是 20 世纪初,罗素悖论引起的一场危机,打破了旧理论的一统天下。罗素本人认为悖论由无限恶性循环引起,避免的办法是类型论;荷兰数学家布劳威尔则把悖论归咎于排中律的误用,倡议建立不包括排中律的逻辑系统,并在这个基础上重建数学,一代数学权威希尔伯特为保卫数学成果则提出了著名的公理化思想和元数学计划,这便是闻名数学史的三大主义。

本章主要介绍布劳威尔的直觉主义逻辑观点和逻辑构造。

第一节　直觉主义逻辑的思想

直觉主义逻辑观点至少包括这样几个要点。第一，认为排中律只适用于有限领域，不适用于无限领域。设 A 为所有乌鸦都是黑的，$\neg A$ 为并非所有乌鸦都是黑的。当乌鸦只数有穷例如一百只，我们可以将这有穷个体编号并依次考查：如果第一只不是黑的，则 $\neg A$ 为真；如果第一只是黑的，则考察第二只。如果第二只不是黑的，则 $\neg A$ 为真；如果第二只是黑的，继续考察第三个。这样的考察必有两种结果，一种结果是中途或最后发现某乌鸦不是黑的，此时为真，另一种结果是一百次考察完毕仍不见有乌鸦不是黑的，此时 A 为真。因此在有限领域中，存在上述一般方法，按这方法所提的程序，可判定 A 与 $\neg A$ 必有一真。即使领域中的个体数目很大，在实际上很难判定 A 与 $\neg A$ 哪一个为真，但在理论上仍认为这个方法是可行的。总之，排中律在这里是可靠的。无限领域的情况就不同了，在那里不可能按这个一般方法所提供的程序从 A 与 $\neg A$ 中确定一个为真。可能存在如下反驳，虽然不能在有穷步骤中确认出 A 或 $\neg A$，但通过想象能达到这样的目的。布劳威尔指出，这种想象的基础是把无穷看成完全或完成了的，然而无穷并非业已完成，相反，它在不断生成，永无完结。

第二，布劳威尔认为反证法不能普遍见效。无穷领域内不存在一般方法以判定 A 与 $\neg A$ 必有一真，却存在一些特殊方法以判定 A 与 $\neg A$ 有一真。例如对于某些问题，我们碰巧能找到一个特例具有 P 性质，在另一些场合下，我们又碰巧能使用反证法证明一切对象都具有非 P 性质。例如，在无穷整数有序对 (m, n) 中，是否存在一个有序对，使得 $m^2=2n^2$？这里 A 为存在一个有序对 (m, n)，$m^2=2n^2$。对任意有序对，$m^2\neq 2n^2$。很明显，由于 (m, n) 有序对的个数无穷，因而不可能通过对它们编号而依次考察的方法从 A 与 $\neg A$ 中确认出一个。欧几里得采用了如下反证法获得了答案。

设 A 为真，则有 $m^2=2n^2$，不妨设 m 与 n 互质。由此，m 为偶数。令 $m=2l$，则有 $4l=2n^2$，则有凡 $n^2=2l$，由此，l 也是偶数，这与 m，n 互质的假设矛盾。这表明，如果 A 真，则导致矛盾，于是 A 假，即并非 A 真。

反证法的成功并不能说服布劳威尔放弃不承认排中律的主张。这是因为反证法不能适用于一切问题，数学上不乏不能判定的例子。费马(Pierre de Fermat, 1601—1665)问题是其中之一。费马断言：方程式 $X^n+Y^n=Z^n$，在 $n>2$ 时没有正整数解。在这里，A 为存在一个四元组(x, y, z, n)，$X^n+Y^n=Z^n$。$\neg A$ 为对于一切四元组(x, y, z, n)，$X^n+Y^n\neq Z^n$。大约 1637 年，费马在丢番图的《算术》一书的页边上写道，他已发现一个奇妙的关于这条定理的证明，可惜书的页边太小，以致写不下来。但是后人耗费了巨大精力始终没有能够证明或反证这条所谓“定理”，费马问题至今还是以不可解的面貌出现于数学史。布劳威尔认为，有朝一日人们能够找到一种方法来证明或反证这条“定理”，但这并不能挽救排中律。如果不能提出一种普遍方法——它在原则上能够解决一切未解决的问题，而且能够解决一切将来可能提出的问题，那么排中律就不能被接受。

第三，布劳威尔认为排中律是有穷与无穷的基本界限之一。他指出，古典的排中律是从有限数学中抽象出来的，但是人们渐渐忘记了这个“有限”的前提，把它凌驾于数学之上，并粗暴地强加于无穷集合。有穷集合与无穷集合大不相同；有穷集合中整体大于部分，无穷集合则以整体与某一部分相等为特征；有穷集合中必有最大数，无穷集合则不必有最大数。同样，有穷集合满足排中律，无穷集合则不满足排中律。这样，布劳威尔对于排中律的发难就成了一条历史界限，他之前的数学和逻辑称之为古典的；他之后的数学和逻辑便有直觉主义和古典之分。

直觉主义特有的逻辑观导致了他们对逻辑联结词也有与众不同的

看法。最为明显的是关于否定词。

经典逻辑断言：对于任一 A，要么 A 真，要么 $\neg A$ 真。由此可得：

若 A 真则 $\neg A$ 假；(a)

若 A 假则 $\neg A$ 真；(b)

若 $\neg A$ 真则 A 假；(c)

若 $\neg A$ 假则 A 真。(d)

直觉主义承认(a)，因为他们承认矛盾律，承认 A 与 $\neg A$ 不能同真。直觉主义承认(b)和(c)，因为他们把 A 假记成 $\neg A$ 真，对于他们来说，A 假与 $\neg A$ 真两者同义。直觉主义不承认(d)，不承认假则 A 真。按他们对否定号"$\neg$"的用法应有：

若 $\neg A$ 假则 $\neg\neg A$ 真。 (e)

用逻辑符号来表示，(d)应是

$$\neg\neg A \to A。 \quad (d_1)$$

(d)或(d_1)是直觉主义逻辑与经典逻辑的分界点。它们表达了人们思维中最普遍最根深蒂固的思维规律，每个人都自觉或不自觉地在应用着。如果有人不承认它们，并且禁止在思维中应用它们，那么由此而产生的后果将令人费解和迷惑。这从他们对排中律一系列看法中便可知道。例如，承认"若 A 假则 $\neg A$ 真"是否就承认"若 $\neg A$ 假则 A 真"？对于我们，由于并非 A 假即为 A 真，因而承认了前者就是承认了后者；对于直觉主义，由于不承认公式(d_1)，即不承认由 $\neg A$ 假可推 A 真，因而承认前者不必承认后者。因此，不承认公式(d_1)，普通逻辑中否定后件的充分条件假言推理规则就要受到限制。又如，直觉主义不承认 A 与 $\neg A$ 恰有一真一假，是否意味着承认有某 A，A 与 $\neg A$ 都真？不然，在直觉主义看来，$\neg A$ 真即为 A 假，因此不存在 A，A 与 $\neg A$ 都真。是否意味承认有某 A，A 与 $\neg A$ 都假？不然，在直觉主义看来，A

假即为 $\neg A$ 真,故不存在 A, A 与 $\neg A$ 都假。这似乎又使人不解,其实问题的症结仍在于他们对否定词“$\neg$”的看法与众不同。让我们做如下说明。

对于我们,由一个命题 A,可以作出四个命题,除去一个永真的“$A \vee \neg A$”,一个永假的“$A \wedge \neg A$”,还有 A 与 $\neg A$ 两个。当 A 成立时,A 真;当 $\neg A$ 成立时,A 假。至于直觉主义,由于不承认 $\neg\neg A$ 即是 A,因而由一个命题 A 可以构成无穷多命题:A, $\neg A$, $\neg\neg A$, …,当 A 成立,A 真;$\neg A$ 成立,A 假;$\neg\neg A$ 成立,A 不假。因此不必是要么 A 真,要么 A 假;不必是 A 与 $\neg A$ 至少有一真,可能的情况还有 A 与 $\neg A$ 不成立,而 $\neg\neg A$ 成立,即是说 A 不假。

直觉主义对于存在量词的看法也不同一般。在他们看来,$(\exists n)$的意义是已给出具有 F 性质的具体例子,或是至少给出一种方法,它原则上指示我们总可找出具体例子。换言之,证明必须是构造性的。非构造性的存在证明不能为直觉主义者接受。例如,我们假设所有 n 都具有非 F 性质,并由此导出矛盾。按我们习惯,这便证明了存在 n,这个 n 具有 F 性质,按直觉主义,这只能证明“并非一切 n 都是非 F”,并未证明存在 n,它具有 F 性质。又如,如果我们证明了以下两个命题:

如果费马命题为真,则 10 有 F 性质,

如果费马命题为假,则 11 有 F 性质。

按我们习惯,这便证明了存在一个数有 F 性质,但按直觉主义,尚不能作出上述结论。因为人们尚不知究竟是 10 还是 11 有 F 性质。

全称命题 $\forall nF(n)$,被直觉主义理解为,任给 n,都可证明 n 具有 F 性质。数学归纳法符合这种要求,即任给 n,都能确保它有 F 性质。n 在不断生成,但 F 性质代代遗传。

析取命题 $A \vee B$,被直觉主义理解为 A 成立或 B 成立,或是给出一种方法,它在原则上告诉人们怎样从 A 与 B 中确认一个。合取命题

$A \wedge B$,被直觉主义理解为A与B同时被确认。假言命题$A \rightarrow B$,被直觉主义理解为由A推出B,或给出一种方法,它在原则上告诉人们怎样由A的证法获得B的证法。

第二节 直觉主义逻辑的演算系统

现在我们来构造直觉主义逻辑系统。由于直觉主义者对于反证法的态度不同,直觉主义又分为各种学派。这些学派共同点是承认如下弱反证规则:

$$若\ \Gamma, \gamma \vdash \alpha, \neg \alpha\ 则\ \Gamma \vdash \neg \gamma。$$

根据这个规则可得:

$$若\ \Gamma, \neg \gamma \vdash \alpha, \neg \alpha,则\ \Gamma \vdash \neg \neg \gamma。$$

这个规则与下面类似的强反证法规则有着重大区别:

$$若\ \Gamma, \neg \gamma \vdash \alpha, \neg \alpha\ 则\ \Gamma \vdash \gamma。$$

仅仅承认弱反证法的称之为极小系统。

极小系统的基本规则如下:

1. 若$\Gamma, \alpha \vdash \beta$则$\Gamma \vdash \alpha \rightarrow \beta$。
2. $\alpha \rightarrow \beta, \alpha \vdash \beta$。
3. $\alpha, \beta \vdash \alpha \wedge \beta$。
4. $\alpha \wedge \beta \vdash \alpha, \beta$。
5. $\alpha \vdash \alpha \vee \beta, \beta \vdash \alpha \vee \beta$。
6. 若$\alpha \vdash \gamma, \beta \vdash \gamma$,则$\alpha \vee \beta \vdash \gamma$。
7. 若$\Gamma, \gamma \vdash \alpha, \neg \alpha$,则$\Gamma \vdash \neg \gamma$。

正如我们所熟悉的,规则1、6、7为间接推导规则,它们由辅助推导形式生成结果推导形式;规则2、3、4、5为原始推导规则,它们直接由前提生成结论。

令 $8G$ 为:若 α，$\neg\beta\vdash\varphi$(矛盾),则 $\neg(\alpha\to\beta)\vdash\varphi$。

$8H$ 为:γ，$\neg\gamma\vdash\delta$。

$8M$ 为:若 Γ，$\neg\gamma\vdash\alpha$，$\neg\alpha$,则 $\Gamma\vdash\gamma$。

$8G$ 的涵义是,如果 α 与 $\neg B$ 放在一起产生了矛盾,那么 $\neg(\alpha\to B)$ 也将产生矛盾。把 $8G$ 加入极小系统构成构造主义系统。$8H$ 的涵义是,由 γ 与 $\neg\gamma$ 一对矛盾可生成任一公式 δ。把 $8H$ 加入到极小系统构成直觉主义系统。$8M$ 是强反证法规则,把它加入极小系统构成古典逻辑系统。按弱到强,四个系统的顺序为:极小——构造主义——直觉主义——古典系统。

我们先证明直觉主义系统是古典系统的子系统。

先证在古典系统中可由 $\neg\neg\delta$ 推 δ,即

$$\neg\neg\delta\vdash_{M}\delta$$

【证明】

1° $\neg\neg\delta$ （假设）

2° $\neg\delta$ （假设）

3° δ （$8M$）

上述证明用另一方式来写即是:

1° $\neg\neg\delta$，$\neg\delta\vdash\neg\neg\delta$，$\neg\delta$;

2° $\neg\neg\delta\vdash\delta$。

再证在古典系统中 $8H$ 成立,即

$$\gamma,\ \neg\gamma\vdash_{M}\delta。$$

【证明】

1° γ

2° $\neg\gamma$

3° $\neg\delta$

4° $\neg\neg\delta$

5° δ

上述证明用另一方式来写即是：

1° $\gamma, \neg\gamma, \neg\delta \underset{M}{\vdash} \gamma, \neg\gamma$；

2° $\gamma, \neg\gamma \vdash \neg\neg\delta$　　　　（规则$\neg$）；

3° $\neg\neg\delta \vdash \delta$；

4° $\gamma, \neg\gamma \vdash \delta$。

这表明站在古典系统中看 $8H$，它是这个系统中的一条派生规则，因此直觉主义系统是古典系统的子系统。

为了证明构造主义系统是直觉主义子系统，可先证明在直觉主义系统中成立：

$$\neg\alpha \vdash \alpha \to \beta。$$

【证明】

1° $\neg\alpha$

2° α

3° β

4° $\alpha \to \beta$

用另一种方式来写即是，

1° $\neg\alpha, \alpha \vdash \beta$　　（规则 $8H$）；

2° $\neg\alpha$　　　　　（规则 1）。

再试证：

$$若\ \alpha, \neg\beta \underset{H}{\vdash} \varphi，则\ \neg(\alpha \to \beta) \underset{M}{\vdash} \varphi。$$

【证明】

1° $\neg(\alpha \to \beta)$

2° $\neg\alpha$

3° $\alpha \to \beta$

4° $\neg\neg\alpha$

5° α

6° β

7° $\alpha\to\beta$

8° $\neg\beta$

9° φ

10° $\neg\alpha$

这个证明分成两段。第一段由$\neg(\alpha\to B)$可推$\neg\neg\alpha$；第二段由$\neg(\alpha\to B)$推$\neg\alpha$，由此$\neg(\alpha\to B)$推出一对矛盾。由于这个矛盾假设了α与$\neg B$产生矛盾，因而有结论：若α与$\neg\beta$产生矛盾，则$\neg(\alpha\to B)$产生矛盾。

从5°开始是第二段证明，往下的结论不依赖于第一段证明中额外假设2°，但依赖与当然假设1°。其中5°和6°是首尾相接的两个额外假设，它们有待消除。7°由6°生成，但步骤被省略了。将被省略的步骤补充出来便是：

$$\alpha,\ \beta\vdash\beta$$

$$\therefore\beta\vdash\alpha\to\beta$$

8°由7°和1°运用规则7而生成，9°由5°和8°产生一对矛盾的假设而生成，10°由1°、5°、9°生成。

我们对直觉主义系统作简单讨论。

可以证明，在古典系统中由A可推$\neg\neg A$，由$\neg\neg A$可推A，也可证明排中律成立。

【例 4.2.1】　试证$A\underset{M}{\vdash}\neg\neg A$。

【证明】

1° $A,\ \neg A\vdash A,\ \neg A$

2° $A\vdash\neg\neg A$　　（规则$\neg$）

【例 4.2.2】 试证$\neg_{M}\neg A\vdash A$。

【证明】

1° $\neg\neg A$，$\neg A\vdash\neg\neg A$，

2° $\neg\neg A\vdash A$ （规则 8M）。

【例 4.2.3】 试证$_{M}\vdash A\vee\neg$。

【证明】

1° $\neg(A\vee\neg A)$ （假设）

2° A （假设）

3° $A\vee\neg A$ （规则 5）

4° $\neg A$ （规则 7）

5° $A\vee\neg A$ （规则 5）

6° $A\vee\neg A$ （规则 8M）

在古典系统中成立的在直觉主义系统中不必成立，但在直觉主义系统中仍可证明由 A 可推出$\neg\neg A$，更有趣的是可证明排中律不假。

【例 4.2.4】 试证$_{H}A\vdash\neg\neg A$。

【证明】 极小系统中成立弱反证法，因而成立例 4.4 推演公式，而极小系统是直觉主义系统的子系统，命题得证。

【例 4.2.5】 试证$_{H}\vdash\neg\neg(A\vee\neg A)$。

【证明】

1° $\neg(A\vee\neg A)$ （假设）

2° A （假设）

3° $A\vee\neg A$ （规则 5）

4° $\neg A$ （规则 7）

5° $A\vee\neg A$ （规则 5）

6° $\neg\neg(A\vee\neg A)$ （规则 7）

在直觉主义系统中虽有 A，$\neg A$，$\neg\neg A$，$\neg\neg\neg A$，…，但我们可以证明否定号为奇数的是同一类；否定号为偶数的也是同一类。

【例 4.2.6】 试证 $_H \neg A \vdash \neg\neg\neg A$

【证明】

1° $\neg A, \neg\neg A \vdash_H \neg A, \neg\neg A$

2° $\neg A \vdash_H \neg\neg\neg A$

【例 4.2.7】 试证 $\neg\neg_H \neg A \vdash \neg A$

【证明】

1° $\neg\neg\neg A$　　（假设）

2° A　　（假设）

3° $\neg\neg A$　　（例 4.4）

4° $\neg A$　　（规则 7）

【例 4.2.8】 试证 $\neg\neg A \vdash N^4 A$

【证明】

1° $N^2 A$　　（假设）

2° $N^3 A$　　（假设）

3° $N^4 A$　　（规则 7）

【例 4.2.9】 试证 $N^4 \vdash N^2 A$

【证明】

1° $N^4 A$　　（假设）

2° NA　　（假设）

3° $N^3 A$　　（例 4.6）

4° $N^2 A$　　（规则 7）

这里 $N^2 A$，$N^3 A$，$N^4 A$ 分别是 $\neg\neg A$，$\neg\neg\neg A$，$\neg\neg\neg\neg A$ 的缩写。

直觉主义逻辑思想的根本特点是它具有构造主义倾向。它不关心事实上 A 与 $\neg A$ 是否恰有一真，而是关心是否有一种确认 A 与 $\neg A$ 有一真的方法；他们不关心客观上是否存在某个体具有 F 性质，而是关心关于某个体具有 F 性质的构造性证明。在他们看来，构造性的证明来自人类的内省和直觉，因而比实实在在的属性更要可信、更为可靠。

基于这一点，国外有人对直觉主义逻辑系统作了语义解释，并且在这个基础上完成了完全性的证明。这个语义解释要点如下。

原子命题为真被解释为自某一时刻起，人们确认了这个命题为真，相反，如果人们尚未认识一个原子命题为真，则这个原子命题取值为假。

复合命题 $A \wedge B$ 取值为真被解释为自某一时刻起，人们既确认了 A 为真又确认了 B 真。

$A \vee B$ 取值为真被解释为自某一时刻起，人们确认了 A 为真或在这一时刻人们确认了 B 为真。这个解释异于寻常之点是：人们并未确认明天下雨为真，也未确认明天不下雨为真，但人们能够确认“明天下雨或明天不下雨”为真。

$A \rightarrow B$ 取值为真被解释为自某一时刻起，只要人们能确认 A 为真便能确认 B 为真。

直觉主义要求逻辑是构造的，其目的是要求数学是构造的。那么，非直觉主义方法在古典数学中起了多大的作用？据著名的美国数理逻辑学家克林报道，在初等数论中，非直觉主义方法并不起大的作用，大多数非构造性的存在证明都可以换为构造性的证明。但是在解析学以及更高等的部分非直觉主义的定义和证明到处可见。在戴德金(Julius Wilhelm Richard Dedekind，1831—1916)的分划表示中我们已经用到实无穷的概念，在证明对于任意 x 和 y 而言，或者 $x<y$ 或者 $x=y$ 或者 $x>y$ 时，我们已经对实无穷集使用了排中律，在上确界的定义中，我也已使用了实无穷概念。换言之，量方面的实无穷被禁止了，但在集方面它完全无缺地重新出现了。

以直觉主义逻辑为基础可以建立一种怎样的数学呢？我国逻辑学家莫绍揆研究结果表明，所有古典数学成果在直觉主义看来可以分为两类，一类仍为真，另一类则为不假。因此，一切数学命题被分为三类：

可证明为真；可证明为假，即假设它们为真将导致矛盾；可证明为不假。

据克林称，直觉主义已经创造一种完全新的数学，包括连续统理论及集论。但若以这种数学来替代古典数学却显得缺乏力量和烦难。在布劳威尔的连续统理论中，我们不能断言任何两个实数 a 与 b 或者相等或者不等。$a \neq b$ 表示由 $a=b$ 而引出矛盾，$a \# b$ 表示更强的不等，即在 a 与 b 之间存在一个隔开两者的例子。由 $a \# b$ 可推出 $a \neq b$，但是可以找到一对实数 a 与 b，使得我们不知道是否 $a=b$ 或者 $a \neq b$。

第五章
元逻辑的方法和意义

建立形式系统的目的是为了把形式系统作为整体加以研究。理论在形式化之前，由于它的内容庞杂不可能对其整体进行研究，只有在形式化之后，这项工作才能进行。命题逻辑在形式化之前杂乱无章，而在形式化之后便由一组公理和一条变形规则完全决定，如果能证明这些公理具有某性质并且它的变形规则能保持这些性质，那么我们便断言该系统具有相应的性质。从而对整体进行研究的目的得以实现，其结果就产生了元定理和元逻辑理论。

命题逻辑形式系统的元理论包括两个方面。第一方面是如何获得形式定理；第二方面是关于系统的整体性质。站在 H 系统内，人们只能回答某一公式是否为一公理，某一规则是否为初始变形规则，某一序列是否为一形式证明。只有站在 H 系统之外，人们才能回答形式证明如何缩短，形式系统有何性质等问题。可是，人们用什么手段来获得这些元理论呢？似乎不应该以逻辑为手段，因为目前的逻辑正处在被研究的地位。希尔伯特接受了直觉主义关于构造性证明的方案，在进行元理论研究时，一般采用构造性方法和数学归纳法，以便获得人们的直觉信任。由此，元定理与系统内的形式定理不同，系统内的形式定理是一列无意义的符号串，而元定理则具有直观内容。同样，元定理的证明也不同于系统内的形式证明，系统内形式证明是一个无意义的符号序列，而元定理的证明则是人类的心智。第一节介绍第一方面的元定理，第二节介绍第二方面的元定理，它们将展示元理论研究的方法和意义。

第一节　演算系统的形式定理

为了证明自然推理系统与重言式形式系统等价，我们在第三章定义了推演这个概念，但是对于这个概念的涵义和作用未做深入说明，现在是我们完成这个任务的时候了。

设有如 $D_1, D_2, \cdots, D_l$ 和 E，如果存在有限序列使得：序列中每一个公式或是 D_1 至 D_l 中的某一个，或是 H 中公理和定理，或是前面两公式由变形规则生成的公式，而最后一公式恰是 E，则说由 $D_1, D_2, \cdots, D_l$ 可推演出 E。简记为：

$$D_1, D_2, \cdots, D_l \underset{H}{\vdash} E$$

而这个有限序列称为一个形式推演。

比较形式证明和形式推演这两个概念，形式推演是形式证明的推广，它是把前提 $D_1, D_2, \cdots, D_l$ 暂时看作公理所做的证明；形式证明可以看成前提为空的推演。从真理观来看，形式定理是 H 中的绝对真理，形式推演定理的结论是 H 中相对真理，即 E 相对于或依赖于 $D_1, D_2, \cdots, D_l$ 而成立的真理。

根据这个定义，容易在 H 中确立一些推演定理。

【例 5.1.1】　试证 $A\rightarrow(B\rightarrow C), B, A \vdash C$。

【证明】

1° $A\rightarrow(B\rightarrow C)$　　（假设）；

2° B　　（假设）；

3° A　　（假设）；

4° $B\rightarrow C$　　（1°和 3°分离）；

5° C　　（2°和 4°分离）。

【例 5.1.2】 试证 $A \wedge B \vdash A$

【证明】

1° $A \wedge B \to A$ （定理）；

2° $A \wedge B$ （假设）；

3° A （分离）。

H 中的推演定理可以看成从前提和公理到结论的推演过程的略语。换言之，它是一个推演序列的缩写。例如，$A \to (B \to C)$，B，$A \vdash C$ 即代表了上述1°至5°构成的公式序列；而 $A \wedge B \vdash A$ 则代表了上述1°至3°构成的公式序列。我们马上就能看当这样理解的作用。

为了完成形式体系内的一个形式证明，往往要不厌其烦地一步一步移动符号，因为为了确保证明的可靠性，就得把证明分解，从而付出更多步骤这个代价。即使是一个初等的形式定理也得费力地去证明。能否将形式证明的步骤缩短呢？形式推演定理正巧能在这里起作用。让我们从例 5.1.1 的涵义说起。

例 5.1.1 告诉我们，在 H 中存在着一个由 $A \to (B \to C)$，A 和 B 等三个公式到 C 的推演。如果在 H 中存在着关于的证明序列，存在着关于 B 和 A 的证明序列，则存在着关于 C 的证明序列。即是说根据已知的三个证明序列和例 5.1.1 的推演序列，构造出关于 C 的证明序列。例如，在 H 中存在关于 $A \to ((B \to A) \to A)$ 的证明序列，存在关于公式 $A \to (B \to A)$ 的证明序列，又存在着关于 $A \to ((B \to A) \to A) \to (A \to (B \to A) \to (A \to A))$ 的证明序列，则由例 5.1.1，存在关于公式 $A \to A$ 的证明序列。

【例 5.1.3】 试证 $A \vee B \vdash B \vee A$

【证明】

1° $A \vee B \to B \vee A$ （公理）；

2° $A \vee B$ （假设）；

3° $B \vee A$ （分离）。

例 5.1.3 告诉我们，存在着由 $A \vee B$ 到 $B \vee A$ 的推演序列。因此如果在 H 中存在着关于公式 $A \vee B$ 的证明序列，则也必将存在着关于公式 $B \vee A$ 的证明序列。根据例 5.1.3，下面是关于 $A \vee \neg A$ 的证明：

1° $\neg A \vee A$　　　　　　　（形式定理 3）；

2° $A \vee \neg A$　　　　　　　（例 5.1.3）。

如果我们在 1°与 2°之间补上一些步骤，则构成关于公式 $A \vee \neg A$ 的完整的证明序列，但是这些待补的步骤正好由例 5.1.3 替代了，因此，推演定理相当于几个零件的组合，常常可以把这个组合作为整体嵌入一个证明中。

【例 5.1.4】　试证 $B \to C \vdash (A \vee B) \to (A \vee C)$。

【证明】

1° $(B \to C) \to (A \vee B) \to (A \vee C)$；

2° $B \to C$；

3° $(A \vee B) \to (A \vee C)$。

【例 5.1.5】　试证 $B \to C, A \to B \vdash A \to C$。

【证明】

1° $(B \to C) \to ((A \to B) \to (A \to C))$；

2° $(B \to C)$；

3° $(A \to B) \to (A \to C)$；

4° $(A \to C)$。

有了这些推演规则，H 中的形式证明的步骤可以大大简化，证明思路也趋清晰。例如我们有如下证明序列：

1° $A \to \neg\neg A$；

2° $\neg A \to \neg\neg\neg A$；

3° $A \vee \neg A \to A \vee \neg\neg\neg A$；

4° $A \vee \neg\neg\neg A$；

5° $\neg\neg\neg A \vee A$；

6° $\neg\neg A \to A$。

1°和 2°是 H 中的定理，3°应用了"附加规则"，5°应用了析取交换规则。这个序列表明了公式 $\neg\neg A \to A$ 的可证性。只要有必要，即可把 1°至 6°扩充为完整的证明序列。但由于它装备了几个组合部件，反而使结构更简单了。

为了实际需要，可随时建立这类元定理。它的形状具有 $\Delta \vdash E$，当我们只想指出从 Δ 到 E 的推演序列是存在的而又不想具体写出时，便可用 $\Delta \vdash E$ 这个符号作说明。它可使我们在 Δ 后面直接写上 E，而不必添加其间的过程，从而大大简化了书写和思维。$\Delta \vdash E$ 成立的依据是 H 系统中的公理、变形规则，因此使用这种方式不会增加 H 系统的可证公式。某一具体推演公式依赖于 H 系统的结构，但是"推演"关系具有独立于 H 系统的性质。可以证明它有如下性质：$A \vdash A$；若 $A, B \vdash C$，又若 $C \vdash E$ 则 $A, B \vdash E$；若 $A, A, B \vdash C$ 则 $A, B \vdash C$。

我们还要建立另一种类型的推演定理，它具有若 $\Delta \vdash E$，则 $\Delta_1 \vdash E_i$ 的形式。第一个重要的定理就是在第三章中提到的演绎定理。

【命题 5.1.6】 若 $\Gamma, A \vdash B$，则 $\Gamma \vdash A \to B$。

命题 5.1.6 的假设说，存在一有限公式序列，使得序列中每一个公式或是 Γ 中的公式之一(a)，或是公式 A(b)，或是公理(c)，或是前面两公式经变形规则生成的公式(d)而最后公式是 B。这个序列称之由 Γ 和 A 到 B 的已知推演。命题 5.1 的结论说，存在一有限公式序列，使得序列中每一个公式或是 Γ 中公式之一(a)，或是公理(c)，或是前面两公式经变形规则生成的公式(d)，而最后公式是 $A \to B$。这个序列称之由 Γ 到 $A \to B$ 的"结果推演"。

我们就"已知推演"的序列长度作归纳证明。在证明中把 Γ 和 A 看作固定的，而 B 看作变动的。

基始：试证"已知推演"序列长度 $k=1$ 时，命题成立。

【证明】 当"已知推演"序列长度 $k=1$ 时，公式 B 应有三种情况，现分情况证明。

i) 公式 B 是 Γ 公式集中某一个公式，则

1° $B\rightarrow(A\rightarrow B)$　　（H 中定理）；

2° B　　（B 在 Γ 中）；

3° $A\rightarrow B$　　（分离）。

即 $\Gamma_H\vdash A\rightarrow B$。

ii) 公式 B 恰是 A，则：

$A\rightarrow A$　　（H 中定理）。

即 $\Gamma_H\vdash A\rightarrow A$，或者 $\Gamma_H\vdash A\rightarrow B$　（B 是 A）。

iii) 公式 B 是 H 中公理或定理，则

1° $B\rightarrow(A\rightarrow B)$　　（H 中定理）；

2° B　　（B 是公理）；

3° $A\rightarrow B$　　（分离）。

即 $_H\vdash A\rightarrow B$，或者 $\Gamma_H\vdash A\rightarrow B$。

推步：设序列长度 $k\leqslant 1$ 时命题成立，求证序列长度 k 为 $l+1$ 时命题成立。即

已知：若 $\Gamma, A\vdash B$, $k\leqslant 1$，则 $\Gamma\vdash A\rightarrow B$。

求证：若 $\Gamma, A\vdash B$, $k=l+1$，则 $\Gamma\vdash A\rightarrow B$。

这里已知的是条件命题：如果 Γ 和 A 在 l 步之内推演出 B，那么 Γ 能推演出 $A\rightarrow B$。要证的也是条件命题：假设 Γ 和 A 在 $l+1$ 步内推演出 B，试证 Γ 能推演出 $A\rightarrow B$。

【证明】 根据求证部分的假设，存在长度为 $l+1$ 的序列，使得由 Γ 和 A 推演出 B，于是 B 公式有四种情况：公式 B 是 Γ 公式集中的某一个公式(a)，公式 B 恰是 A(b)，公式 B 是 H 中的公理或定理(c)，公式 B 是前面两公式经分离规则生成的(d)。对于前三种其证明方法同上，现对情况(d)作证明。

B 是前面两公式经分离所生成的，不妨把这两个公式记为 C 和

$C \to B$。并且由 Γ 和 A 到 C 的推演长度不大于 l；由 Γ 和 A 到 $C \to B$ 的推演长度不大于 l。即

$$\Gamma, A \vdash C \quad k \leqslant l;$$
$$\Gamma, A \vdash C \to B \quad k \leqslant l;$$

这是长度为 $l+1$ 序列中的两个子序列，由于这两个子序列的长度 $k \leqslant l$，根据归纳的已知部分可得另外两个序列。这就是：

$$\Gamma \vdash A \to C \qquad (\text{由 } \Gamma, A \vdash C \text{ 而得})$$
$$\Gamma \vdash A \to (C \to B) \qquad (\text{由 } \Gamma, A \vdash C \to B \text{ 而得})$$

有了序列 $\Gamma \vdash A \to C$ 和 $\Gamma \vdash A \to (C \to B)$，便可构造由 Γ 到 $A \to B$ 的序列。其中主要应用 H 中蕴涵分配律：

$$A \to (C \to B) \to ((A \to C) \to (A \to B))$$

这个序列的形式如下：

1° …

2° …

⋮

n° $(A \to C)$

⋮

$(n+p)^\circ$ $(A \to (C \to B))$

$(n+p+1)^\circ$ $(A \to (C \to B)) \to ((A \to C) \to (A \to B))$

$(n+p+2)^\circ$ $(A \to C) \to (A \to B)$

$(n+p+3)^\circ$ $(A \to B)$

根据数学归纳法，命题 5.1 得证。

命题 5.1 的证明是某种元定理证明的模型，我们能从中加深对元定理、元定理的证明以及数学归纳法的认识。

【例 5.1.7】 试由 $A \to (B \to C)$，B 和 A 到 C 的推演序列，构造由

$A\rightarrow(B\rightarrow C)$，$B$ 到 $A\rightarrow C$ 的推演序列。

由例 5.1.1,在 H 中有 $A\rightarrow(B\rightarrow C)$，$B$，$A\vdash C$,则根据演绎定理有 $A\rightarrow(B\rightarrow C)$，$B\vdash A\rightarrow C$。这里,$\Gamma$ 便是$(A\rightarrow(B\rightarrow C)$，$B)$,演绎定理中的 B 即为这里的 C。我们试由已知推演序列构造结果推演序列。

首先,写出由 $A\rightarrow(B\rightarrow C)$，$B$ 和 A 到 C 的已知推演序列。

1° $A\rightarrow(B\rightarrow C)$；

2° B；

3° A；

4° $(B\rightarrow C)$；

5° C。

下面的构造原则有两步。第一步在 1°至 5°的每个公式前添加符号 $A\rightarrow$,构成 1′至 5′新序列：

1′ $A\rightarrow(A\rightarrow(B\rightarrow C))$；

2′ $A\rightarrow B$；

3′ $A\rightarrow A$；

4′ $A\rightarrow(B\rightarrow C)$；

5′ $A\rightarrow C$。

第二步,以 1′至 5′为基础,补充适当公式,使得它们(1′至 5′)都是 $A\rightarrow(B\rightarrow C)$和 B 的推演结论。这个补充办法,在演绎定理的证明中已经给出了。

从 1°到 1′的补充如下:(1°是 Γ 中公式)

1. $A\rightarrow(B\rightarrow C)$,

2. $(A\rightarrow(B\rightarrow C))\rightarrow(A\rightarrow(A\rightarrow(B\rightarrow C)))$,

3. $A\rightarrow(A\rightarrow(B\rightarrow C))$。

从 2°到 2′的补充如下:(2°是 Γ 中公式)

4. B；

5. $B\rightarrow(A\rightarrow B)$；

6. $A\to B$。

从 3°到 3′的补充如下：(3°是演绎定理中的 A)

7. $A\to A$。

从 4°到 4′的补充如下：(4°由 1°和 3°分离)

8. $(A\to(A\to(B\to C)))\to((A\to A)\to(A\to(B\to C)))$；

9. $(A\to A)\to(A\to(B\to C))$；

10. $A\to(B\to C)$。

从 5°到 5′的补充如下：(5°由 4°和 2°分离)

11. $(A\to(B\to C))\to((A\to B)\to(A\to C))$；

12. $(A\to B)\to(A\to C)$；

13. $A\to C$。

由 1 至 13 组成的序列恰是所求序列。

借助数学归纳法，我们确实能够由一已知推演序列构造出相应的结果推演序列，并且这个构造方法是有穷的、机械可行的。原则上，没有演绎定理我们也能办成这件事，但有了演绎定理使得我们明白这个结果，承认“结果推演”的序列是存在的就行了，而不必每次都实际地构造出来。据此我们可以说，元定理并不是在 H 系统中加进一些东西，而是把 H 系统中的某些性质刻画出来而已。

演绎定理中已给的推演 $\Gamma, A\vdash B$ 叫作辅助推演，根据定理所指示的 $\Gamma\vdash A\to B$ 叫作结果推演。辅助推演的最后假定公式为 A，结果推演的假设中没有 A，据此我们说假定公式 A 被解除了。这种随时引入假设而后消除假设的特点正是日常推理和数学推理所具有的。

演绎定理为获得形式定理或形式推演定理提供了方便。例如由 $A\to(B\to C), B, A\vdash C$ 得 $A\to(B\to C), B\vdash A\to C$，再可得 $A\to(B\to C)\vdash B\to(A\to C)$（条件交换），最后得 $\vdash(A\to(B\to C))\to(B\to(A\to C))$。

演绎定理这种间接推演规则与前面所说的 $\Delta\vdash E$ 型的直接推演规则有重要差别。当形式系统的公理增加时，直接推演规则继线有效，而间接推演规则未必有效。由于间接推演规则中一般含有Γ公式集，它可以消化公理的增加，但变形规则的改变将引起从Γ和A到B的推演新情况，从而使相应的结果推演未必成立。谓词演算中演绎定理将是有条件的，原因就在于此。

接下来考虑替换，它也是元逻辑中的一个重要概念。它与代入的差别在于代入必须处处代入，而替换可以在某一处进行替换。

设有下列公式：

$$\neg((E\rightarrow B)\vee\neg E)\wedge(E\rightarrow B),$$

其中$(E\rightarrow B)$有两次出现，当我们用$(\neg E\vee B)$来替换$(E\rightarrow B)$时，可以指明仅替换第一次出现的$(E\rightarrow B)$，替换后结果公式为

$$\neg((\neg E\vee B)\vee\neg E)\wedge(E\rightarrow B),$$

可用真值表说明它们是等值的。

一般地，设A为一公式，$C(A)$是以A为子公式的公式，B为另一公式，则$C(B)$表示以B替换$C(A)$中A的某次出现所得的公式。在语义中，若A与B等值，则$C(A)$与$C(B)$等值。相应地在H系统中有如下命题5.2。

【命题 5.1.8】 若$\vdash A\leftrightarrow B$，则$\vdash C(A)\leftrightarrow C(B)$。

我们先简述与证明此命题有关的定义、形式定理和其他内容。

在证明中要使用一些定义和形式定理，它们是：

$$A\leftrightarrow B\text{ 被定义为：}(A\rightarrow B)\wedge(B\rightarrow A);$$

$$\vdash A\rightarrow(B\rightarrow(A\wedge B));$$

$$\vdash A\wedge B\rightarrow A。$$

H系统中的形式定理由H系统中的变形规则和公理所决定，因此一个元定理依赖于H系统中的形式定理，仅仅是它依赖于公理和变形规则的缩短写法。必要时，我们将随时引进H系统中的形式定理而不

详细证明这些形式定理。

其次,$C(A)$以 A 为子公式,其构造过程如下:

$C(A)$中联结词个数为 0,则 $C(A)$为 A;

$C(A)$中联结词个数 1,则 $C(A)$为 $\neg A$, $A \vee D$;

$C(A)$中联结词个数为 2,则 $C(A)$为 $\neg(\neg A)$, $\neg(A \vee D)$, $\neg A \vee E$;…

设 $C_k(A)$表示联结词个数为 k,则 $C_{k+1}(A)$为 $C_k(A) \vee D$ 或者 $\neg C_k(A)$。

下面就 A 在 $C(A)$中深度 k 作归纳证明。

基始:试证 $k=0$ 时命题成立。

【证明】 由 $k=0$,则 $C(A)$就是 A, $C(B)$就是 B,命题十取下列形式:若 $\vdash A \leftrightarrow B$,则 $\vdash A \leftrightarrow B$,故显然成立。

推步:设 $k=1$ 时命题成立,试证 $k=l+1$ 时命题成立。

已知:若 $\vdash A \leftrightarrow B$,则 $\vdash C_l(A) \leftrightarrow C_l(B)$。

求证:若 $\vdash A \leftrightarrow B$,则 $\vdash C_{l+1}(A) \leftrightarrow C_{l+1}(B)$。

【证明】 $C_{l+1}(A)$有两种情况:

(a) $C_{l+1}(A)$为 $C_l(A) \vee D$;

(b) $C_{l+1}(A)$为 $\neg C_l(A)$。

对于(a),由于 $\vdash C_l(A) \leftrightarrow C_l(B)$,则 $\vdash C_l(A) \leftrightarrow C_l(B)$;则 $\vdash (C_l(A) \vee D) \leftrightarrow (C_l(B) \vee D)$。

又 $\vdash C_l(A) \leftrightarrow C_l(B)$,则 $\vdash C_l(B) \leftrightarrow C_l(A)$;

则 $\vdash (C_l(B) \vee D) \rightarrow (C_l(A) \vee D)$。

即是:若 $\vdash C_l(A) \leftrightarrow C_l(B)$,则 $\vdash (C_l(A) \vee D) \leftrightarrow (C_l(B) \vee D)$。

由归纳的已知部分,

$$若 \vdash A \leftrightarrow B,则 \vdash C_l(A) \leftrightarrow C_l(B)。$$

因此,若 $\vdash A \leftrightarrow B$,则 $\vdash (C_l(A) \vee D) \leftrightarrow (C_l(B) \vee D)$。

对于(b)，由于$\vdash(A\to B)\to(\neg B\to\neg A)$，则：

$$C_l(A)\leftrightarrow C_l(B)\vdash C_l(A)\to C_l(B)\vdash\neg C_l(B)\to\neg C_l(A);$$

$$C_l(A)\leftrightarrow C_l(B)\vdash C_l(B)\to C_l(A)\vdash\neg C_l(A)\to\neg C_l(B);$$

即是：$C_l(A)\leftrightarrow C_l(B)\vdash\neg C_l(A)\leftrightarrow\neg C_l(B)$。

由归纳已知部分

若$\vdash A\leftrightarrow B$，则$\vdash C_l(A)\leftrightarrow C_l(B)$。

因此，若$\vdash A\leftrightarrow B$，则$\vdash\neg C_l(A)\leftrightarrow\neg C_l(B)$。

根据归纳法，命题5.1.8得证。命题5.1.8也称置换定理，它在获得形式定理中起了重要作用。借助于下面这些等值可证公式，置换定理有着广泛的应用。

$\vdash A\leftrightarrow\neg\neg A$;

$\vdash A\vee(B\wedge C)\leftrightarrow(A\vee B)\wedge(A\vee C)$;

$\vdash\neg(A\vee B)\leftrightarrow\neg A\wedge\neg B$;

$\vdash\neg(A\wedge B)\leftrightarrow\neg A\vee\neg B$;

$\vdash(A\vee(B\vee C)\leftrightarrow(A\vee B)\vee C$;

$\vdash(A\leftrightarrow B)\leftrightarrow((A\to B)\wedge(B\to A))$。

否定是逻辑上另一个重要概念，否定技巧是逻辑赠给人类一份有用礼物。

设D为$\neg p\wedge(q\vee\neg r)$，将$D$中$\vee$与$\wedge$对换，$\pi$与$\neg\pi$对换，可得公式$p\vee(\neg q\wedge r)$，用真值表可说明它与$\neg D$等值。

【命题5.1.9】　设D仅由命题变元$p_1(\neg p_1)$，$p_2(\neg p_2)$，…，$p_n(\neg p_n)$和$\vee$、$\wedge$组成的公式，D^+为将D中$\vee$与$\wedge$互换，π与$\neg\pi$互换结果生成的公式，则$\vdash\neg D\leftrightarrow D^+$。

本命题的证明思想是将否定号逐步深入，借助$\vdash\neg(A\wedge B)\leftrightarrow(\neg A\vee\neg B)$，$\vdash\neg(A\vee B)\leftrightarrow(\neg A\wedge\neg B)$和$\neg\neg A\leftrightarrow A$等形式定理，运用置换规则可得。下面就$D$中含有$\wedge$或$\vee$的个数作归纳证明。

基始：试证 D 中 $\wedge$ 或 $\vee$ 的个数 $k=0$ 时，命题成立。

证明：D 为 0 级公式时有两种情况：

(a) D 为 p；

(b) D 为 $\neg p$。

对于(a)，$\neg D$ 为 $\neg p$，D^+ 为 $\neg p$，则 $\vdash \neg D \leftrightarrow D^+$；

对于(b)，$\neg D$ 为 $\neg\neg p$，D^+ 为 p，由 $\neg\neg p \leftrightarrow p$，则 $\vdash \neg D \leftrightarrow D^+$。

推步：设 D 为 l 级公式命题成立，试证 D 为 $l+1$ 级公式命题成立。

【证明】 令 D 为 $l+1$ 级，则有公式 A 和 B，其级不大于 l 级，且有如下两种情况：

(a) D 为 $A \wedge B$；

(b) D 为 $A \vee B$。

对于(a) $\neg D$ 为 $\neg(A \wedge B)$

D^+ 为 $(A^+ \vee B^+)$

由于 A 和 B 的级不大于 l，根据归纳假设有：

$$\vdash \neg A \leftrightarrow A^+;$$

$$\vdash \neg B \leftrightarrow B^+;$$

又，H 系统中成立如下形式定理：

$$\vdash \neg(A \wedge B) \leftrightarrow (\neg A \vee \neg B)。$$

根据置换定理即有

$$\vdash \neg D \leftrightarrow D^+。$$

对于(b)，$\neg D$ 为 $\neg(A \vee B)$，

D^+ 为 $A^+ \wedge B^+$，

借助形式定理 $\vdash \neg(A \vee B) \leftrightarrow (\neg A \wedge \neg B)$，连续运用置换定理，可得所求结论。

【例 5.1.10】 试求 $((A \leftrightarrow B) \vee C)$ 的否定命题。

【解】 $\neg((A\leftrightarrow B)\vee C)\equiv\neg(A\leftrightarrow B)\wedge\neg C$

$$\equiv\neg((A\rightarrow B)\wedge(B\rightarrow A))\wedge\neg C$$

$$\equiv\neg((\neg A\vee B)\wedge(\neg B\vee A))\wedge\neg C$$

$$\equiv((A\wedge\neg B)\vee(B\wedge\neg A))\wedge\neg C$$

$$\equiv(A\wedge\neg B\wedge\neg C)\vee(\neg A\wedge B\wedge\neg C)$$

如前所说，元定理并没有在 H 中增加任何东西，但它能把 H 系统中某些性质揭示出来。上面几条元定理确实使我们对 H 系统的性质有了更清楚的认识。在 H 中可以进行"等值"置换而不改变公式的可证性；可以方便地对一公式实施"否定"规则；可以在某一公式后面直接添加另一个公式，可以把一个推演过程转变为证明过程，等等。总之，在语义中能建立的命题，也能在 H 系统中建立，这就充分表明，H 系统中的几条公理和变形规则已经将逻辑常项的涵义全部表达了。从某种意义来看，一个公理系统所做的正是对一些主要词语的解释，科学上的情况是，往往要通过一个系统来解释一些词项，而不是只用某些片言只语就能达到目的的。

第二节　演算系统的整体性质

本节将介绍第二类元定理，它们是一些刻画 H 系统整体性质的命题，而在这之前，元定理的内容仅仅限于如何获得 H 系统中的形式定理。

考虑如下表达式的意义：

$$p\rightarrow p。$$

第一种回答，这是一个重言式。第二种回答，这是 H 系统中的一条定理。两种回答表现了两种不同的立场。当我们作第一种回答时，我们已经把"→"了解为一张特定的真值表，并根据这张表计算出 $p\rightarrow p$ 获得全"真"的结果。当我们作第二种回答时，我们把"→"了解为受公理和变形规则管制的客体，并据此构造出一个关于 $p\rightarrow p$ 的证明序列。第一种回答是语义的，它与真值表相联系，第二种回答是语法的，它同

H 中公理和变形规则相联系。

我们现在要问：是否存在一个公式，它在语法上可证，而在语义上不是重言式？是否存在一个公式，它在语义上是重言式，而在语法上不是一条可证定理？

【命题 5.2.1】 凡是可证公式都是重言式。

命题 5.2.1 回答了第一方面的问题。即任一公式，如果它在语法上可证，那么它在语义上一定是重言式。

公式 A 既可证，则关于它有一个证明序列，其长度为 k，现就长度 k 作归纳证明。

归纳基始：试证 $k=1$ 时，命题成立。

【证明】 关于 A 只有一个公式序列，则 A 是 H 中的公理之一，容易计算这些公理都是重言式。现列表计算如下：

a) $p \rightarrow p \vee q$。

1 1|1 1 1
1 1|1 1 0
0 1|0 1 1
0 1|0 0 0

b) $p \vee p \rightarrow p$。

1 1 1 1|1
1 1 1 1|1
0 0 0 1|0
0 0 0 1|0

c) $p \vee q \rightarrow q \vee p$。

1 1 1 1|1 1 1
1 1 0 1|0 1 1
0 1 1 1|1 1 0
0 0 0 1|0 0 0

d) $(q \rightarrow r) \rightarrow (p \vee q \rightarrow p \vee r)$。

1 1 1 1|1 1 1 1 1 1 1
1 0 0 1|1 1 1 1 1 1 0
0 1 1 1|1 1 0 1 1 1 1
0 1 0 1|1 1 0 1 1 1 0
1 1 1 1|0 1 1 1 0 1 1
1 0 0 1|0 1 1 0 0 0 0
0 1 1 1|0 0 0 1 0 1 1
0 1 0 1|0 0 0 1 0 0 0

归纳推步：试证　若 $k=1$ 时命题成立，则 $k=l+1$ 时命题成立。

【证明】 关于 A 的证明序列长度为 $l+1$，则必存在 B 与 $B\to A$，使得这两个公式都有一个长度不超过 l 的证明序列。据归纳假设，B 与 $B\to A$ 是重言式，则由下表，A 必为重言式。

A	B	$B\to A$	A
1	1	1	1
1	0	1	1
0	1	0	0
0	0	1	0

根据归纳法，每一个可证公式 A 都是重言式。

【命题 5.2.2】 凡重言式，都是可证公式。

这个定理回答了第二方面的问题。即任一公式，如果它在语义方面是重言式，那么它在语法上可证。

【证明】 A 为重言式，不妨认为它是包含了一切极小因子的析取范式。设 A 中仅含 n 个变元，则 A 有 2^n 个极小因子，根据推演定义有如下 2^n 个推演定理：

$$p_1, p_2, \cdots, p_n \vdash A;$$

$$p_1, p_2, \cdots, \neg p_n \vdash A;$$

$$\neg p_1, \neg p_2, \cdots, p_n \vdash A;$$

$$\neg p_1, \neg p_2, \cdots, \neg p_n \vdash A;$$

从这些推演定理出发，逐次运用演绎定理和附加规则可得

$$(p_1 \vee \neg p_1), (p_2 \vee \neg p_2) \cdots (p_n \vee \neg p_n) \vdash A,$$

从而 $\vdash A$。

现以 $n=2$ 为例，其证明过程如下：

$$p_1, p_2 \vdash (p_1 \wedge p_2) \vee (p_1 \wedge \neg p_2) \vee (\neg p_1 \wedge p_2) \vee (\neg p_1 \wedge \neg p_2);$$

$p_1, \neg p_2 \vdash (p_1 \wedge p_2) \vee (p_1 \wedge \neg p_2) \vee (\neg p_1 \wedge p_2) \vee (\neg p_1 \wedge \neg p_2)$；

$\neg p_1, \neg p_2 \vdash (p_1 \wedge p_2) \vee (p_1 \wedge \neg p_2) \vee (\neg p_1 \wedge p_2) \vee (\neg p_1 \wedge \neg p_2)$；

$\neg p_1, \neg p_2 \vdash (p_1 \wedge p_2) \vee (p_1 \wedge \neg p_2) \vee (\neg p_1 \wedge p_2) \vee (\neg p_1 \wedge \neg p_2)$。

由　$p_1, p_2 \vdash A$；

　　$p_1, \neg p_2 \vdash A$；

得(1)：$p_1, (p_2 \vee \neg p_2) \vdash A$；

由　$\neg p_1, p_2 \vdash A$，

　　$\neg p_1, \neg p_2 \vdash A$；

得(2)：$\neg p_1, (p_2 \vee \neg p_2) \vdash A$。

由(1)和(2)，

得$(p_1, \vee \neg p_1), (p_2 \vee \neg p_2) \vdash A$，

从而$\vdash A$。

即 A 为重言式则在 H 系统中可证。

命题 5.2.1 表明可证公式类在重言式公式类之中；命题 5.2.2 表明重言式公式类在可证公式类之中，从而两者完全重合，语法与语义形成一一对应，这是元逻辑一个极重要的成果，它在本质上证明了 H 系统具有一致性与完全性。

我们还可以在元数学和元逻辑中讨论这样一个重要的问题：在 H 系统中是否存在一个公式 A，A 与 $\neg A$ 都可证？如果这样条件的 A 不存在，则称 H 系统是无矛盾的或一致的；反之，则称 H 系统是简单矛盾的。

能够在元数学中讨论的问题都必须是严格而明白的。元理论以 H 系统为研究对象，因而被研究的问题必须能够在 H 系统中得到定义。一致性问题中用到“$\neg$”“公式”和“可证公式”等词，它们在系统中都是确定的既定客体，因此问题本身是元数学的。

解决这个问题的困难在于下面这一点：如果发现了某公式 A，A 与 $\neg A$ 均可证，则一致性问题获得否定的解决。但是如果并未发现这

样的公式 A，情况将如何？我们不能肯定 H 系统是一致的，因为“未发现”与“不存在”不同，我们也不能否定 H 系统是一致的，因为毕竟“没有发现”。以往，人们总是把一个系统的一致性问题化归为另一个较为简单系统的一致性问题，所得的结论是一系统相对于另一系统的相对一致性。现在，我们要求在“未发现”某公式 A 的情况下，直接回答是否“存在”某公式 A；或是证明其“不存在”，或是举出 A 与 $\neg A$ 均可证的例子，这样所得到的是某系统的绝对一致性。

这是元数学问题的困难所在。但是明白的问题常会提供解决这个问题的途径。一致性问题的定义提供了解决它的大致思路。如果我们能完成下列三件事，则一致性问题将获得肯定性的解决。

(a) 发现所有公理具有某一性质；

(b) 变形规则保持这种性质。即若 $A \to B$ 与 A 都具有这种性质，则 B 具有这种性质；

(c) 任意公式 A，A 与 $\neg A$ 不能同时具有这种性质。

H 系统具有如此重要的某一“性质”吗？

H 系统中的 p，q，r 等变元以及 $\neg$，$\vee$，$\wedge$，$\to$ 都是无意义的客体，其中公理如 $p \vee q \to p$ 只是无意义的客体编排，没有意义，也谈不上什么“性质”。当我们谈论一个形式系统公理的“性质”时，已经暗中对它作了解释。例如把 p，q，r 解释成变元，它们取各种特殊的命题为值，把 $\neg$，$\vee$，$\wedge$，$\to$ 解释成由原子命题产生复合命题的联结词，于是公理获得了逻辑解释方面的性质。这就是：不论以什么样的特殊命题为值，公理永真。正如在完成命题 5.4 时所做的，这个“永真”性质满足 (a)(b)(c) 三条要求。从而我们的设想得到实现，问题似乎得到解决。

然而，这里“命题”“复合命题”“真”都涉及元数学之外的内容，而在元数学之内无法消化这些概念的内涵。因而所获得的一致性不属于元数学，而是属于某一“性质”的。只有这一“性质”可以转化为元数学内容，它才是元数学的。“永真”这个性质，是否可以转化为元数学内容呢？我们且把“真”仅仅看成一种客体，它用 t 或↑或 1 来标记；把“假”看成另一种不同的客体，它用 f 或↓或 0 来标记，这时，“真”与“假”的一切内涵消失殆尽，只剩下两个不同的客体：t 与 f。我们将在这两个个体域上定义 $\neg$，$\vee$，$\wedge$，$\rightarrow$ 等运算规则，它们分别是我们已经熟悉的一张张特制的真值表。而 p，q，r 等是以 t，f 为值的变元。在这种赋值下，公理具有常取 t 的特征，即不论 p，q 等变元取 t 还是取 f，公理表达式的计算值为 t，从而“永真”的性质转化为元数学的内容。为了使证明具有元数学性质，不仅要使“性质”从属于元数学，而且实现(a)(b)(c)三条的过程也必须是元数学的，有穷的。事实上，判定(a)成立的过程依赖于“$\vee$”和“$\rightarrow$”的运算，判定(b)成立的过程，仅依赖于“$\rightarrow$”算法，判定(c)成立的过程，仅依赖于“$\neg$”的算法。

以上，我们从三个方面说明了一致性问题具有元数学性质，以便大致领略元数学的特征，以及在元数学内我们可以做些什么事。

现在，我们来谈谈关于完全性问题。这是可以在元数学内探讨的另一个问题，它涉及一个形式系统究竟能推出多少可证公式？能否将满足某“性质”的全部公式囊括无遗？如果能，这个形式系统就该性质而言是完全的；如果不能，它是不完全的。对于“永真”性质来说，可证公式是否都永真，这是一致性的问题，而永真公式是否都可证则是完全性问题。正如命题 5.5 所说，H 系统就“永真”性质而言是完全的，即凡永真皆可证。和一致性问题类似，“永真”性质的完全性也具有元数学性。对此，我们做如下概括性的说明。

对于 H 系统，存在着两种解释。

第一种是逻辑解释。p，q，r 被看成以各种特殊命题为值的变元，$\neg$，$\vee$，$\wedge$，$\rightarrow$ 被看成由简单命题产生复合命题的联结词，于是各公理获得永真性质。即不论变元取何种特殊命题，公理型的复合命题永真。

第二种是算术解释。真假被看成两个不同的客体，p，q，r 是以 t、f 两个个体为值的变元，而 $\neg$，$\vee$，$\wedge$，$\rightarrow$ 是定义在 t 与 f 上的算子。

于是公理算式获得常为“t”的特征。

如果把各种特殊命题分成两类，一类为“真”，一类为“假”，并让那些真的特殊命题对应 t，让那些假的特殊命题对应 f，那么逻辑解释的定义域与算术的定义域构成多一对应，而其余一切将获得平行结果。这表明两种解释是相通的。

但我们需要说明逻辑公理化的目的何在？元逻辑定理的意义是什么？不少人认为其他学科公理化的目的在于将本学科定理系统化，逻辑这种系统化的工具，只要掌握逻辑规则就行了，而无必要去将逻辑本身公理化。相反，逻辑公理化以后，从公理到定理的推导十分烦琐，远不如重言式判别法简单，因而逻辑公理化似乎是一种误会。下面就逻辑公理化的意义做适当说明。

我们涉及三种逻辑理论：

第一种，直朴的逻辑理论，它包括传统的三段论，充分条件假言命题推理，反证法，等等。

第二种，形式化的逻辑理论，它由 H 系统的语法和语义两部分构成。

第三种，元逻辑理论，其内容是一致性、完全性等元逻辑定理。

第二种理论是第一种理论的形式化，第三种理论是以第二种理论为研究对象的理论。在数学、物理学等学科公理化中确实仅仅需要第一种逻辑理论，仅仅需要一些足够的逻辑规则，但是从理论上必须明确这些直朴的理论是否彼此协调一致，否则便无实用价值。一般来说，直朴的逻辑定律或规则是有限的，人们凭直觉也许不怀疑它们的一致性，问题在于这些有限的逻辑定律在其他科学公理化中不能提供充分的工具作用，因而常常需要扩充。于是一些非直朴的逻辑定律被引进了，例如：

$$\neg A \rightarrow (A \rightarrow B);$$

$$A \rightarrow (B \rightarrow A)$$

$$(A \to B) \vee (\neg A \to B)$$

$$(A \to B) \vee (B \to A)$$

$$(A \wedge B \to C) \to (A \to C) \vee (B \to C)$$

这些非直朴的逻辑定律是否可信？例如由一对矛盾是否可推导出任一结论？当 $A \wedge B \to C$ 成立时，是否可以确认 $A \to C$ 与 $B \to C$ 之一成立？这些问题看来没有统一答案，有人认为它们“不像样子”，有人认为它们并不必要，但是下面这个问题必须统一：这些直朴的加上扩充的非直朴的是否彼此一致？元逻辑定理解决了这个问题，只要扩充不超过 H 系统的可证公式，则它们是一致的。如果不公理化，从而没有元逻辑定理，那么这个问题就要另辟蹊径来解决。另一个与此相关的问题是：这样的扩充的最大限度是什么？能否将一个 H 系统不可证公式作为公理模式加入 H 系统中？元逻辑定理中完全性定理实际上作出了回答：如果把不可证的公式作为公理模式加入 H 系统，则系统将不一致。证明大意如下：

完全性定理指明，凡重言式皆在 H 系统中可证。若 A 不可证则 A 不是重言式，即不空的合取范式。在 H 系统中若合取式可证，则它的每一极小析取因子可证，这个析取因子中可能出现带否定号的变元，但不可能存在某变元 r，使 r 与 $\neg r$ 都在其中，它们的形状为 $p \vee \neg q \vee \neg r \vee \cdots$，既然这种形状的公式可证，则将不带否定符号的变元换成 p，将带否定号的变元一律换成 $\neg p$，于是这些析取因子就变成 $p \vee \neg\neg p \vee \neg\neg p \vee p \cdots$，然后再把 $\neg\neg p$ 换成 p，得 p 可证。同样可以得到 $\neg p$ 可证，这样便存在一个 $\neg p$，p 与 $\neg p$ 都可证，从而系统 H 不一致。

总之，元逻辑定理告诉我们直朴逻辑定律是一致的，如果要扩充，为保持一致性其限度又在什么地方。

一致性、完全性定理不仅对于逻辑本身有重要意义，同时也使逻辑发挥出进一步的工具作用。

逻辑形式化是数学、物理学形式化的必要前提。数学形式化的需要两个步骤。第一步,数学公理化。选择基本词项和基本命题,确定公理,用公理来限制这些词项的涵义。这一步的结果使数学专门词项的涵义消失了,数学理论被条理化了。但是逻辑常项的涵义仍被保存,因而数学定理仍然由日常语言来表达,由公理到定理的推导并不是纯粹的符号运算。我们在这一步能达到的顶点是形式公理化,为了从形式公理到形式化,中间必须将逻辑常项的涵义再消除掉。这就是第二步,将公理化进一步形式化。这一步中,我们将直观的逻辑思想一部分表示为逻辑公理,一部分表示为变形规则。同时还用一套人工语言来代替原来的自然语言,使得每条数学定理仅仅是一串符号排列,从数学公理到数学定理的推导仅仅是符号的变化规则。只有这时候数学理论才得到完全形式化。很明显,数学形式化必以逻辑形式化为先决条件,没有逻辑形式化,充其量,我们只能到达形式公理化。

逻辑形式系统的一致性和完全性乃是考虑数学形式系统是否一致和完全的基本前提。当我们把数学理论形式化后,就必然要考虑它的一致性和完全性问题。由于数学的形式系统中包含着命题逻辑和谓词逻辑的形式系统,如果逻辑系统本身不一致,数学形式系统当然不一致,但是仅有逻辑系统的一致和完全,还不足以说明数学形式系统的一致和完全,因此逻辑的形式系统具有一致性和完全性使探讨数学理论是否一致和完全的问题成为可能。

在科学史上,最早发生一个理论是否一致的问题出于非欧几何学。高斯、罗巴切夫斯基等杰出的人物凭借着他们对新生事物的敏感和科学上的胆识确认了新的不同于欧氏几何的非欧几何,但是"非欧几何学"的最终地位将视其是否存在一对矛盾而定。如果非欧几何定理有限,那么人们终能确定这些定理间是否有矛盾,但是非欧几何定理数目无穷,如何才能确认它们永远不会生成矛盾呢?科学家们想出了解释方法或者说模型方法,即是说,非欧几何中的每个原始概念都相应于欧氏几何中的概念,非欧几何的公理都变成欧氏几何中的公理或定理,因而如果欧氏几何无矛盾，则非欧几何也一定无矛盾。

由于笛卡尔的解析几何，几何与实数有了一一对应，几何理论被建立在实数理论上，欧氏几何的无矛盾问题也就转化为实数理论的无矛盾问题。

戴德金等人努力又使实数理论最终又划归为自然数理论。只要自然数理论是无矛盾的，则实数理论是无矛盾的。下一步的重要工作是皮亚诺用三个概念、五个命题概括了全部自然数理论。这三个概念是：零、后继、数；五个命题则是：

(1) 0 是一个数；

(2) 任何数的后继是一个数；

(3) 不同的数有不同的后继；

(4) 0 不是任何数的后继；

(5) 对于任何性质，如果 0 具有此性质；又如果若某数具有此性质，则它的后继具有此性质，那么所有数都具有此性质。

三个概念和五个命题将产生自然数的全部理论。例如，如果我们把“0 的后继”称为“1”，把“1”的后继称为“2”，如此等等。由(2)，我们得到无穷无尽的数，由(3)，这无穷无尽的数是彼此不同的，由(4)可知，“0”是这一串新数的开头。(5)则表示，所有的数都在这一串之中。因为“0”属于这一串数，其次，若设 n 属于这一串数，则 n 的后继属于这一串数，按(5)即数学归纳法，一切数都在这一串之中。

又如，我们可以根据(1)至(5)定义加法和乘法运算：

令 $m+0$ 为 m，而 $m+(n+1)$ 为 $m+n$ 的后继，按(5)即数学归纳法，任何 m 和 n 之和有了定义。同样可以定义 m 和 n 之积。人们确信，任何初等数学理论都可以为五个命题所证明。简言之，皮亚诺把数学“算术化”了。这就使古人的梦想成为现实。古代，很早就有人猜测世界上一切事理都可以转化为数学上的数学演算，而一切数学运算又可以转化为自然数的运算，这问题到了 18、19 世纪皮亚诺时代终于有了眉目。

工作还没有最后完成。皮亚诺使数学算术化，而弗雷格又使数学“逻辑化”。弗雷格的重要贡献是将“0”“后继”等概念归约为逻辑概念，使五个基本命题可以用一些更基本的逻辑命题来证明。

越过皮亚诺，进入弗雷格的研究是有道理的。皮亚诺的三个概念“0”“后继”“数”并不能由五个命题完全制约，它们的涵义必须单独理解。例如下面一串数便适合皮亚诺的五个基本命题：

$$1,\ \frac{1}{2},\ \frac{1}{4},\ \frac{1}{8},\ \frac{1}{16},\ \cdots$$

即是把“0”理解为1，把“后继”理解为“一半”。显见，这样的例子可能无穷多，凡是有开端的，不重复的，有固定法则从一项产生下一项的无穷数列都可以看成皮亚诺的自然数串。为了使0、后继、数具有确定意义，符合于我们的常识，弗雷格利用逻辑上“相似”“一一对应”等基本概念来定义“数”，“0”“1”，等等。弗雷格于1884年在《算术基础》一书中完成了这件工作。按照弗雷格的设想，一切数学理论既可以划归为自然数理论，而自然数现在又可以划归为逻辑上的“类”或“集合”，那么只要从少数逻辑命题出发，就可以把一切数学理论推导出来。弗雷格本人没有实现这个想法，而为罗素的三大卷《数学原理》所实现。按此，如果“集合”理论是一致的，那么整个数学理论便是一致的了。正当人们充满希望时，罗素从《算术基础》发现了毛病，这就是科学史上著名的罗素悖论。其具体内容和形式如下：

令 A 是那样的集合，它由一切不属于自己的元素构成，即 $A=\{x \mid x \notin x\}$。现在问：A 是否属于 A？如果 A 属于 A，而 A 中的元素都具有自己不属于自己的性质，故而按定义，A 不属于 A，即如果 A 属于 A，那么可得 A 不属于 A。单是这一点并不构成悖论，问题还在于如果设 A 不属于 A，则按定义就有 A 成为 A 的元了。因此：

设$\in$，那么$\notin$；

设$\notin A$,那么$\in$。

悖论不可避免。这个悖论之属于《算术基础》,是因为罗素构造类所依据的原则完全是《算术基础》所允许的,这个原则被称为概括原则,它广泛存在于数学理论中。这个灾难性的发现使那个时代数学界、哲学界震动不已,人们惊觉到,多少个世纪以来一直敬重的数学理论竟然建筑在一个有矛盾的基地上。震惊之余,人们寻早原因,提出种种对付办法,三大流派由此产生,20 世纪数学,逻辑课题都与这个主题相联。希尔伯特出于保卫数学成果和应付悖论的目的,在弗雷格和罗素已将数学逻辑化的基础上,提出有名的形式化计划。按此计划,先把数学公理化,然后形式化,最后证明形式数学的一致性和完全性。

以往证明一理论具有一致性的模型方法目前已经失灵,问题已经"转化"到最后一个基地,形势已经迫使人们直接证明算术的无矛盾性。希尔伯特的贡献正在于他提出了一种方法来直接完成这个任务。而弗雷格、罗素的贡献使为希尔伯特计划准备了逻辑基础。不久证明了逻辑基础是一致和完全的,这又为这项工作准备了必要的前提。逻辑的工具作用不只是表现为具体的推理,更重要的是作为一个系统它是一切其他科学形式化的基础。

第六章
谓词演算的思想和方法

命题演算系统 H 具有一致性和完备性，但不应把这一结论误解为 H 系统已经囊括了一切有效推理。完备性是相对于解释而言的，当初我们把变元解释成命题的真或假（或者 1 和 0），因此以命题为单位的有效推理已汇集在 H 中，但谓词于个体词分离的有效推理尚被排斥在外。生活用语中的一部分如“并非”“或者”“并且”“如果……那么”等一类小品词已被严格定义，成了相应的运算子；生活用语中的另一部分如“所有”“有些”等一类词尚未被处理。总之，H 系统是一个比较简单的系统，我们要把这个系统逐渐扩充成较复杂的系统。让我们先用一些推例来说明 H 系统的局限性。

第一节　日常用语的进一步刻画

【例 6.1.1】　考察下面推理的有效性：

所有动物是生物，所有老虎是动物，所以，所有老虎是生物。

凭直觉或其他逻辑知识，这是一个有效推理。但如果把这个推理的两个前提和结论用 H 系统的语言来表达，则下面形式：

$$p,\ q,\text{所以}\ r。$$

显然，这个形式无效。我们心里知道例 6.1.1 之推理有效，但这种

有效性不能在 H 系统中得到表示，一旦生硬地表示出来，它就成了无效推理。

【例 6.1.2】 考察下面推理的有效性：

所有老虎是有斑纹的，有些动物是老虎，所以，有些动物是有斑纹的。

这是一个有效三段论，但它并不是 H 中的逻辑定理。如用 H 中语言来表达，它具有以下无效形式：

$$p,\ q,\text{所以}\ r。$$

【例 6.1.3】 考察下面推理的有效形式：

有人认识所有名人，所以，所有名人都有人认识。

这个推理的涵义是，若有人认识了当代所有名人；则对所有名人而言，都存在一人，这个人认识这位名人。从而推理有效。如果用 H 中语言来表达，它具有 p，所以 q 不可证的形式。为什么明明是有效推理却不能在 H 系统中鉴别呢？原因是在 H 系统中，命题被看作最小单位。一个推理如果仅仅依存于命题与命题之间的联系，则它在 H 中可表示。但是有些推理的前提于结论之间联系并不在命题之间，而在“属性”或“关系”之间，这就超越了 H 系统的能力。例 6.1.1 可解释成：

凡有“动物”属性，则有“生物”属性；

凡有“老虎”属性，则有“动物”属性；

所以，凡有“老虎”属性，则有“生物”属性。

这个分析一方面使我们找到例 6.1.1 不能在 H 中表示的原因，另一方面又使我们受到启发。如果对命题演算系统 H 中语言作出解释，把 p，q，r 等解释成一个属性而不是一个命题；$\neg p$，$\neg q$，$\neg r$ 等解释成不具有 p 属性；把 $p \vee q$ 解释成或具有 p 属性，或者具有 q 属性；把 $p \to q$ 解释成若具有 p 属性，则具有 q 属性，局面将有所改变。例 6.1.1 在新解释下，将具有如下形式：

$$p \to q,\ r \to p,\text{所以 } r \to q。$$

而这个形式是 H 系统中的定理。这表明,命题演算中虽然没有"谓词",但把 p, q 解释成"谓词"后,它就变成谓词演算。如果仅仅为了对付"谓词",新解释已经足够了。

例 6.1.2 不同于例 6.1.1。上述新解释仍不能识别它的有效性,其困难在于"有些动物是老虎"不容易表达。新解释中$\to$, $\vee$, $\wedge$, $\neg$已经不是命题联结词,而是关于"谓词"的算子,断言 $A \to B$ 或 $\neg A \vee \neg B$,并非断定这个公式为真而是断定下面这一点:对于一切客体而言,它如果具有 p 性质,那么它具有 q 性质。因此新解释仅仅适合于全称命题。对于特称命题,我们可以把它们看成全称命题的否定。为了表达"有些动物是老虎",我们先考虑"所有动物不是老虎"。然后再考虑这个全称命题的否定。这就是:

$$\neg(\neg p \vee \neg q)。$$

括号内的公式$(\neg p \vee \neg q)$可读为"所有 p 不是 q",因而整个公式$\neg(\neg p \vee \neg q)$可读为"并非所有 p 不是 q",即"有 p 不是 q"。但是这样一来,我们就陷入歧义了。括号内的$\neg$, $\vee$是对谓词而言的,而括号外的"$\neg$"在这里被当作对命题的否定。如果把括号外的"$\neg$"也看成对谓词而言的,则公式$\neg(\neg p \vee \neg q)$就等值于 $p \wedge q$,即一切客体都具有 p 性质又具有 q 性质。按愿望,我们希望把括号外的"$\neg$"处理成命题的否定词,问题在于如何用一种方式使得我们的想法外在化、形式化。希尔伯特用两根"||"作记号,两短竖之内的符号为谓词演算子,两短竖之外的符号为命题算子。于是,下面两个表达式中,前一个表示"有些客体是 p 又是 q",后一个表示"一切客体是 p 又是 q"。

$$\neg|\neg p \vee \neg q|;\ |\neg(\neg p \vee \neg q)|。$$

希尔伯特把这种表示法称为命题和谓词的联合演算。采用这种联

合演算,亚里士多德四个命题可以表示如下:

$|\neg s \vee p|$　　(意为 A:所有 s 是 p);

$|\neg s \vee \neg p|$　　(意为 E:所有 s 不是 p);

$\neg|\neg s \vee \neg p|$　　(意为 I:有 s 是 p);

$\neg|\neg s \vee p|$　　(意为 O:有 s 不是 p)。

在这种表示下,全称否定和特称肯定可以换位,全称肯定和特称否定不能换位。不仅如此,亚里士多德的三段论现在都是命题演算定理了。如果仅仅为了导出三段论,那么联合运算也已经足够了。但是例6.1.3 使我们陷入了全面的困境。

例 6.1.3 的有效性不是命题之间的联系,也不是类或谓词之间的联系,而是涉及了两元关系问题。例 6.1.3 中的"认识"是一个关系词,用"认识"组成的命题形式,是具有两个空白的形式,即……认识……。这种只有在两处空白中填入适当词项才能构成命题的"谓词",称为两元谓词,它的逻辑性质不同于传统逻辑中的一元谓词,一般用 $F(e_1, e_2)$ 或 e_1Re_2 来表示。例 6.1.3 还涉及了重叠量词,这也是命题演算无能为力的一个原因。命题演算缺乏表达力的根本原因是,它把个体与谓词禁锢在一起,抹杀了关系谓词和量词的逻辑特征。为了扩大 H 系统,必须把个体从命题中解放出来,在命题演算中增加适当的新符号。

首先要增加的是个体词和谓词。我们能从一些例句中领略这些词的用法。

(A) 罗素是逻辑学家

"罗素"是个体词,用 a 表示;"逻辑学家"是谓词,用 F 表示。命题(A)具有形式:

$$F(a)。$$

(B) 罗素与怀特海是朋友。

"罗素"与"怀特海"是个体词;"朋友"是关系词,用 $R(,)$来表示。

(B)具有形式：

$$R(a, b)。$$

谓词理论的关键之举是创造新的符号，让个体词和谓词独立，而两者结合又产生命题形式 $F(a)$ 和 $R(a, b)$。关于个体词和谓词在哲学上有很多讨论，但我们把回答某些个体具有什么性质的成分看成谓词；把回答两个个体具有何种关系的成分也看成谓词；而把回答哪些东西具有这些性质或关系的成分看成个体词。从数学上看，谓词、关系词相当于一个函数，个体词相当于自变元，而命题则是它的值域。在这样的观点之下，谓词和关系词的区别是微不足道的，我们一概称之谓词，并用 F, G, R 等符号表示，有时还更具体地表示为 $F()$, $R(,)$, $G(,,)$，以标出这些谓词是一元、两元、三元的区别。

增加了个体词和谓词，理论系统将更贴近我们的真实世界。客观世界中有许多事物：张三、李四、某桌子等，这些相当于理论系统中的个体词。除此之外，世界上还有许多事：张三跑了，李四跳得高，桌子上有一只花瓶，这些相当于理论系统中的命题。事与物不同，客观世界不是由静止的物组成，而是由事组成，物无真假，事情有发生与不发生之分，描述事情的句子就有真假之分。事情的发生就涉及个体与关系。“张三”是个体词，“人”不是个体词，而是一个属性、性质。“张三是人”表示个体与谓词的相结合的事，它具有 $F(a)$形式，“人类是由猿进化而来的”可符号化为 $R(a, b)$，其中 a, b 表示人类和猿，这时两者都被看成个体词。

有了个体词和谓词符号，许多命题可以表达。例如：

(C) 罗素不是文学家。

罗素和怀特海都是数学家又是逻辑学家。

利用 H 中的语言，它们分别可表达为：

$$\neg F(a);$$

$$F_1(a) \wedge F_2(a) \wedge g_1(b) \wedge g_2(b)。$$

其次，还要增加个体变元符号。

仅有个体常项 a, b, c，不能表达规律性的命题和全称命题。例如：

(D) 一切事物都是发展变化的。

如果事物有限，那么我们可以用联言式来表达这个命题，这就是：$F(a) \wedge F(b) \wedge F(c)$，但是当事物为无限时，这种表达将失去作用。为了表示(D)，我们必须引进个体变元符号：x, y, z, …。有了个体变元符号，(D)可表示如下：

对于任何 x 而言，x 是发展的，即：

$$F(x)。$$

(E) 如果那本书是好的，那么我就读它。

我无好书而不读。

对于(E)中的第一个命题，我们作如下表示：

$$F(a) \rightarrow R(e, a)。F\text{：好；}R(e, a)\text{：}e\text{ 读 }a。$$

(E)中第二个命题则有下面形式：

$$F(x) \rightarrow R(e, x)。$$

其意为，对于任何一个个体 x 而言，若 x 是好书，则我读它。

比较(E)中两个命题及其形式，容易看出变项的重要作用。把变项引进语言中，这首先是数学上的事。数学的进步正在于使用了变项。$3+2=2+3$仅仅表示 $5=5$，要想表达两个数相加与次序无关，就得运用变元表示为：$x+y=y+x$。逻辑上把这个方法吸收过来，完成了个体常项所不能完成的任务。

再次，还必须引进量词。

考虑下列命题的符号化；

(F) 并非我无好书而不读。

(F)是(E)中第二个命题的否定。它具有下面的形式：

$$\neg(F(x)\rightarrow R(e, x))。$$

按命题演算法则，它相当于：

$$F(x)\wedge\neg R(e, x)。$$

其涵义是："一切东西是好书，但我都不读。"这个意思与原意相去甚远。这表明引进变量而不引入量词，变量的作用就不能充分显示出来。量词有全称量词和存在量词两种，我们把"对任何 x 而言"这个短语记为(x)或$\forall x$，把"对至少有些 x 而言"这个短语记为$\exists x$。利用量词，(E)和(F)将表示为：

$$(\forall x)(F(x)\rightarrow R(e, x));$$

$$F_1:\neg(\forall x)(F(x)\rightarrow R(e, x))。$$

从另一方面看，"并非我无好书而不读"意即"至少有些好书我不读"，它可表示为：

$$F_2:(\exists x)(F(x)\wedge\neg R(e, x))$$

比较(F_1)与(F_2)，按命题演算有：

$$(\exists x)(F(x)\wedge\neg R(e, x))\equiv(\exists x)\neg(F(x)\rightarrow R(e, x))。$$

由(F_1)与(F_2)同义，得：

$$\neg(\forall x)(F(x)\rightarrow R(e, x))\equiv(\exists x)\neg(F(x)\rightarrow R(e, x))。$$

这个等式告诉我们，否定号通过全称量词时，应将全称量词改成存在量词，同时将受全称量词管辖的公式作否定。

一般地，$\neg(\forall x)F(x)\equiv(\exists x)\neg F(x)$；

$$\neg(\exists x)F(x)\equiv(x)\neg F(x);$$

$$\forall xF(x)\equiv\neg(\exists x)\neg F(x);$$

$$(\exists x)F(x)\equiv\neg(x)\neg F(x)。$$

存在量词$(\exists x)$，意指至少有某x，使得……，但绝未指明哪一个个体。试看下面的例句：

(G) 张三来了；

有一个人来了；

有一个中国人来了。

第一句，指明了来的人，设a为张三，则其形式为$F(a)$；第二句，仅仅指明来者的存在性，而未指明来的人，故其形式为$(\exists x)F(x)$；第三句，也只确定来者的存在性，但对存在者属性有进一步刻画，其形式为$(\exists x)(F(x)\wedge g(x))$。

“张三来了”与“有人来了”表面相似，其实是两种不同性质的句子。这种不同，借助命题涵项就显得更清楚。命题涵项理论是把数学上的函数概念引进到语言上的结果，这是弗雷格在逻辑上的重大贡献。

弗雷格认为普遍名词“老虎”“动物”“人”都是一种函数，它可以形成语句涵项：

( )是老虎；( )是动物；( )是人。

在括号中填上适当的名称将使命题涵项形成真命题，填上另一适当名称，又将使它变成假命题。不论是真还是假，它们都是有意义的句子，于是将这种带有空括号的语句涵项成为逻辑上关心的客体，为书写方便，用变项代替空白括号，形成以下形式：

x是老虎；x是动物；x是人。

更一般地，可写成：$F(x)$。其中x取个体名称，$F(x)$取命题为值。命题涵项$F(x)$本身不是命题，从命题涵项得到命题有两种途径。第一种，代入法。用个体名称代入自变量，如用“张三”这个名称代入“x来了”中的x，形成“张三来了”这个命题。一般地，$F(a)$表示在$F(x)$中以a代x的结果。第二种，对$F(x)$加以量词管辖。当我们在“x来了”

之前加上存在量词时,形成"有一个个体来了",加上全称量词时,形成"所有个体来了"。"有一个体来了"和"所有个体来了"已经不是命题涵项,而是命题了。这两种不同途径造就的两种不同命题,其语义差别在前面就已经说明,现在进一步来说明其语法差别。

我们引入另一种命题作媒介。

张三来了或者李四来了或者王五来了……

这个选言命题自然不同于其中任一支命题,当论域有限时,可以采用穷举法来表示论域中有人来了,当论域无限时,采用穷举法便不可能,为了表示无限论域中"有人来了",逻辑上才创造了这种存在命题:$\exists(x)F(x)$。这个表达式中 x 既是变量,又被管制而不能任意替代,确实有人来了,但来者是谁,尚不能断定。或 a 或 b,由此而变,但又不能主观随意而定,由此受约。而"x 来了"中的 x 是随意而定的,约束变量的出现,是逻辑史上一个里程碑式的界限。约束变量与自由变元之间存在着根本的差别。

在一个表达式中,对于某个 x 而言,如果该表达式中出现(x)、$(\exists x)$,则 x 称为约束的,否则 x 称为自由的。

【例 6.1.4】 在$(\exists x)(F(x, y)\wedge A(y))$中,$x$ 是约束的,y 是自由的。

在$(\forall y)(\exists x)(F(x, y)\wedge A(y))$中,$x$ 和 y 都是约束的。由上可知,x 从自由变元变为约束变元是使用了$(\exists x)$,x 称为被$(\exists x)$所约束;y 从自由变元变成约束变元是使用了(y),y 称为被$(\forall y)$所约束。一般地,如果一量词的引入,第一次把一变元从自由变成约束,那么结果表达式中该变元被该量词所约束。

自由变元是实实在在的变元,约束变元有时也说成是"貌似"的变元,含有自由变元的表达式是有赖于该变元的命题。在例 6.1.4 中$(\exists x)(F(x, y)\wedge A(y))$依赖于 y 而成为不同的命题,它仅仅是取命题为值的涵项。$(\forall y)(\exists x)(F(x, y)\wedge A(y))$对自由变量进行了约束,因而它已经是一个命题。可见约束变量相当于对于某变量进行了某种运算。这是一个观念性的变化,我们已经把“有些”“所有”这两个词看成了一种运算子。在数学上,我们常可遇到自由变量与约束变量的例子。在下面,i 与 x 是约束的,而 n 与 y 是自由的:

$$\sum_{i=1}^{n} a_i,\ \lim_{x \to 0} f(x, y),\ \int_{-y}^{y} f(x, y)\mathrm{d}x。$$

在下面,作为积分上限出现的 t 是自由的,而在被积式中的 t 是约束的:

$$\int_0^t f(t)\mathrm{d}t。$$

正因为约束变元是作为运算结果而出现的符号,因此,这些符号可以适当改名。

$$\sum_{i=1}^{n} a_i \text{ 与} \sum_{k=1}^{n} a_k \text{ 同义;}$$

$$\lim_{x \to 0} f(x, y) \text{与} \lim_{y_1 \to 0} f(y_1, y) \text{同义;}$$

$$\int_{-y}^{y} f(x, y)\mathrm{d}x \text{ 与} \int_{-y}^{y} f(u, y)\mathrm{d}u \text{ 同义。}$$

在逻辑上,$(\exists x)(F(x, y) \wedge A(y))$与$(\exists u)(F(u, y) \wedge A(y))$同义。两者都表示对公式$(F(\Delta, y) \wedge A(y))$中变元 Δ 进行一次“存在”运算。为避免混淆,有时可把一表达式中某一变元既作为约束出现又作为自由出现的情景加以澄清,用另一符号来表示约束变元。例如把

$$\int_0^t f(t)\mathrm{d}t \text{ 改换成} \int_0^t f(u)\mathrm{d}u。$$

是否可以把自由变元加以“改名”呢?这就要从代入法说起,这种代入法不能在一个公式中的局部范围内进行,必须坚持“处处代入”,以保证

公式的结构不变。另一个更重要的区别是,对于自由变元,我们可用常量代入,而对于约束变元,决不可进行这种“代入”。下面第一排三个表达式有意义,并且是相应表达式的代入,而第二排三个表达式是无意义的。

$$\sum_{i=1}^{4} a_i;\ \lim_{x\to 0} f(x,\ 1);\ \int_{-3}^{3} f(x,\ 3)\mathrm{d}x。$$

$$\sum_{4=1}^{4} a_4;\ \lim_{0\to 0} f(0,\ y);\ \int_{-y}^{y} f(3,\ y)\mathrm{d}y。$$

最后,我们要谈一谈关于辖城的问题。

约束量词对一个变量管辖是有范围的,这个范围逻辑上称为辖域。在例 6.1.3 中,“有人认识所有名人”的涵义是:

有个人 x,使得:不论哪一个名人,x 都认识他。即

$(\exists x)$(无论哪位 y,只要 y 是名人,就 x 认识 y),也即

$$(\exists x)((\forall y)F(y)\to R(x,\ y))。$$

紧跟(y)后面的最短公式是$(F(y)\to R(x,\ y))$,它成为(y)的辖域,紧跟$(\exists x)$后面的最短公式是$(\forall y)F(y)\to R(x,\ y))$,它称为$(\exists x)$的辖域。

在例 6.1.3 中,“所有名人都有人认识”的涵义是:

对于任何 x,使得:如果 x 是名人,那么总存在一个人,这个人认识 x。即:$(\forall x)(F(x)\to$有人认识 $x)$,也即:$(\forall x)(F(x)\to(\exists y)R(y,\ x))$。

紧跟$(\exists y)$后面的最短公式是 $R(y,\ x)$,它成为$(\exists y)$的辖域,紧跟(x)后面的最短公式是$(F(y)\to(\exists y)R(y,\ x))$,它称为$(x)$的辖域。

由于 $F(x)$中没有变元 y,故$(\exists y)F(x)$与 $F(x)$同义,可将量词$(\exists y)$提前,使公式$(\forall x)(F(x)\to(\exists y)R(y,\ x))$变成$(\forall x)(\exists y)(F(x)\to R(y,\ x))$,后一公式,按约束量词改名方法,则可写成:

$$(y)(\exists x)(F(y)\rightarrow R(x,\ y))。$$

因而,例6.1.3形式化,便可有:$(\exists x)(\forall y)(F(y)\rightarrow R(x,\ y))\rightarrow(\forall y)(\exists x)(F(y)\rightarrow R(x,\ y))$。

比较前提与结论,仅仅是量词的次序不同,这个重要的现象表明,研究量词必须发掘量词次序的规律。

增加了上面几种新的符号和概念,形式语言表达能力大大增强,其效果令人鼓舞。下面是一些翻译实例。

【例6.1.5】 对亚里士多德A,E,I,O四命题的刻画。

A:所有老虎都是有斑纹的。

符号化:

$$(\forall x)(F(x)\rightarrow g(x))。$$

说明:在日常语言中,常把上句中“老虎”看成主语,把“有斑纹的”看成谓语。但是按弗雷格的意见,这里“老虎”和“有斑纹的”都是谓词,上面的命题实际是谓词与谓词的关系,而不是主谓关系。

因此,它可翻译为:

对于任何x,若x有老虎属性,则x必有斑纹属性。

E:所有鲸都不是鱼。

符号化:

$$(\forall x)(G(x)\rightarrow\neg H(x))。$$

说明:这里我们把“不是鱼”翻译成“是非鱼”。

I:有些蛇是无毒的。

符号化:

$$(\exists x)(K(x)\wedge M(x))。$$

说明:我们不把I语句看成主谓结构式,而把其中的“蛇”和“无毒”都看成谓词,它可分析为:

存在 x，使得 x 有蛇的属性且有无毒属性。

但是它不能翻译成下面的假言命题：

$$(\exists x)(K(x) \rightarrow M(x))。$$

因为，为使后一表达式取真值，仅仅需要"有些个体不是蛇"为真即可，或者仅仅需要"有些个体是无毒的"为真，而这与命题 I 的意义显然不同。从另一方面看，"有些蛇是无毒的"可以看成"并非所有蛇都是有毒的"，即：

$\neg(\exists x)(K(x) \rightarrow \neg M(x))$ 等值于 $(\exists x)(K(x) \rightarrow M(x))$。

O：有些兰不是虫媒的。

符号化：

$$(\exists x)(M(x) \wedge N(x))。$$

传统逻辑中的四个命题被形式化了，似乎是同一类型的主谓命题现在出现了差别，有些是蕴涵式，有些是联言式。让我们简要考察四个命题符号化后所呈现出来的性质。

首先，E 命题和 I 命题可以换位。这是因为：

$(\forall x)(G(x) \rightarrow \neg H(x))$ 等值于 $(\forall x)(H(x) \rightarrow \neg G(x))$；

$(\exists x)(K(x) \wedge M(x))$ 等值于 $(\exists x)(M(x) \wedge K(x))$。

而 A 命题与 O 命题不能换位。

其次，我们不能保持四个命题之间的"对当关系"。这是因为不能从 A 推出 I，即下式无效。

$$(\forall x)(F(x) \rightarrow g(x)) \rightarrow (\exists x)(F(x) \wedge g(x))。$$

但不能由此否定人工语言的作用和能力，这只表明四命题之间满足对当关系是假定了主谓不空这个条件，这个条件在符号化前不被重视，而在符号化之后被清楚地认识了。

【例 6.1.6】 对欧氏几何命题的刻画。

过任意两点可以且只可以作一条直线。

符号化：

$$(\forall x)(\forall y)(\exists l)(F(x, y, l) \wedge (n)(F(x, y, n) \rightarrow H(l, n)))。$$

说明：这一命题的意义是，对于任何两点 x, y，使得：有一直线 l 过 x 和 y，并且如果有另一直线 n 也过 x 和 y，两点，那么 l 与 n 重合。

两条直线有且只有一个交点。

符号化。

$$(\forall l)(\forall m)(\exists x)(F(l, m, x) \wedge (y)(F(l, m, y) \rightarrow H(x, y)))。$$

说明：这一命题的涵义是，对于任何直线 l 和 m，使得：有一点 x 在 l 和 m 上，并且如果有另一点 y，也在 l 和 m 两直线上，那么 x 与 y 重合。

由约束量词换名规则，可知上述两个表达式实际上是同义的。这表明“过两点引一条直线”与“过两直线有一交点”具有同一个逻辑结构。以往，我们需要通过努力来证明这两个几何命题可以互推，符号化以后，两者等价性被外在化了。两个几何命题原来是同一符号表达式所作的不同解释。这个重要现象给人以启示。人们在认识真理时，往往过分注重具体的语言表达方式和语言的语义，而忽视语言的逻辑结构，以至把本是同一个真理看成了两个不同的真理。推而广之，把本是同一个公理系统的不同模型看成独立的互不相干的论域知识。

【例 6.1.7】 对“观众喜欢文娱节目”的分析。

A：所有观众喜欢所有文娱节目。

$$(\forall x)(\forall y)(R(x, y))。$$

B：所有观众都有自己所喜欢的文娱节目。

$$(\forall x)(\exists y)(R(x, y))。$$

C：有些观众喜欢所有的文娱节目。

$$(\exists x)(\forall y)(R(x, y))。$$

D:有些节目为所有观众喜欢。

$$(\exists y)(\forall x)(R(x, y))。$$

E:所有文娱节目都有人喜欢。

$$(\forall y)(\exists x)(R(x, y))。$$

F:所有文娱节目受到所有人喜欢。

$$(\forall y)(\forall x)(R(x, y))。$$

由于日常语言不注重量词的使用,对量词次序认识模糊,因而有些话的涵义不够清楚,上面六种形式似乎都可以作为“观众喜欢文娱节目”的解释,其中只有A和F是同义的。

【例6.1.8】 对“我最喜欢你”的分析。

这是最常用语,但语义含混不清。为分析方便,假设“我为某班学生中一员,“你”为全体任课教师中一员。这句话的第一种解释是:

对所有教师而言,我最喜欢你。即:对所有 x 而言,若 x 是教师,则 i 喜欢 b 超过之喜欢 x。符号化后为:

$$(\forall x)(F(x)\to R(\langle i, b\rangle, \langle i, x\rangle))。$$

第二种解释是:

对所有学生而言,我最喜欢你。即:对所有而言,若 x 是学生则 i 喜欢 b 超过 x 喜欢 b。符号化后为:

$$(\forall x)(G(x)\to R(\langle i, b\rangle, \langle x, b\rangle))。$$

第一种解释不表示 i 与 b 之同的亲密程度。完全可以举出另一位学生,这位学生更喜欢 b,只是在教师中,i 还是最喜欢 b。进而言之,可以设想 i 很不喜欢教师,只对 b 略好。

第二种解释也不表示 i 与 b 之间的亲密程度。完全可以举出另一位教师，这位教师更受 i 喜欢，只是在学生中，还数 i 最喜欢 b。进而言之，可以设想学生们很不喜欢 b，只是 i 对 b 的态度略好。

第三种解释是：

对所有教师而言，对所有学生而言，我最喜欢你。即：

$$(\forall x)(\forall y)(F(x)\wedge G(y)\rightarrow R(\langle i, b\rangle, \langle i, x\rangle)\wedge R(\langle i, b\rangle, \langle x, b\rangle))。$$

只有这种解释才表示了 i 与 b 的亲密程度，这时举不出另一位学生、另一位教师，使得他们之间的关系超过 i 与 b 之间的关系。

第二节　翻译中的几个问题

翻译类似映射，在有些映射下，量变了，但量的比例不变；在有些映射下，量的比例变了，但被映射客体的位置关系不变。将自然语言翻译成人工语言的根本原则是推理的有效性不变。由于我们这里的“翻译”并非一一对应，又没有一般规则可循，因而怎样迅速正确地把自然语言翻译成人工语言就具有一定困难。有时候，我们能感知到某一推理的有效性，甚至能感知到它是天经地义的真理，却未必能立即感知到其中每一语句和整个推理的符号结构；有时候，两个本是相似的自然语句却有着大相径庭的符号结构，以致令人诧异和困惑；凡此种种，都表明我们应当学习怎样把自然语句翻译为人工语言，为数理逻辑的应用创造必要条件。

自然语言的主要职能是传递知识，表达情感。除此之外，它还有显示某种形式的功用，这似乎是非本质的一面。但是利用自然语言来表达推理仅仅涉及这个不重要的一面，而与语句中储存着的知识和情感毫不相干。

“形式”这个概念，不容易说得清楚，让我们来做一个类比。设想我们的视野中有一只老虎。远远望去分辨不出它就是老虎，这时候它仅仅起着一个“东西”的作用，稍走近，我们能分辨出这个东西是一只动物，这时候，它起着一只动物的作用，再靠近，我们终于能辨认出它原是一只老虎，这时候，它起着一只老虎的作用。类似地，同一个自然语句，在某种场合它仅仅起着一个命题的作用，在另一个场合，它起着主谓结构命题的作用，在下一个场合，它又起着更为具体的“形式”作用。我们把这种现象称作一个自然语句的不同层次。一个自然语句在不同层次里有不同的结构，不同的形式。

【例 6.2.1】 分析“有人认识所有名人”的逻辑结构。

为了有助说明问题，我们将这句话安排在三个不同的语境中。

A：如果有人认识所有名人，那么约翰会打赢这场官司，但是约翰并未打赢这场官司，所以，并非有人认识所有名人。

在 A 中，“有人认识所有名人”仅仅作为一个不需分解的命题而存在，而与句中的“人”“名人”“认识”没有关系。使 A 成为有效推理的因素不是这些词项，而是 A 中的“如果……那么”“并非”等关键性的因素。

A 的形式如下：

$$(p \rightarrow q)，\neg q，所以，\neg p。$$

这里，“有人认识所有名人”的逻辑结构被了解为简单的命题字母 p。

B：有人认识所有名人，而所有人是生物，所以，有生物认识所有名人。

熟悉三段论的人能立即感知(B)的形式。虽然“有人认识所有名人”一般地被看成关系判断，但是它在这里仍然可以分析为主谓结构而不失其所在推理的有效性。(B)有效的因素在于“人”“认识所有名人”“生物”三者之间的关系，而与“认识”这个关系词无关，与“名人”这个词也无关系。

B 具有如下形式：

有人是认识所有名人的，所有人是生物，所以，有生物是认识所有名人的(即:有 M 是 P,所有 M 是 S,所以,有 S 是 P)。

C:有人认识所有名人,所以,所有名人都有人认识。

“有人认识所有名人”在 C 中的作用既不是一个简单命题 P,也不是简单的主谓结构,这样的作用不能使 C 成为有效推理。C 的有效性在于“人”“认识”“名人”“有些”“所有”等因素。换言之,这个命题的每个部分都起着不可缺少的作用,只有作这样的分解和分析,C 的有效性才能显示出来。

C 的形式如下:

$(\exists x)$,使得:不论 y 是何物,只要 y 是名人,则 x 认识 y,所以,$(\forall y)$,只要 y 是名人,总存在 x,x 认识 y。

即:

$(\exists x)(\forall y)(F(y)\rightarrow R(x, y))$,所以$(\forall y)(F(y)\rightarrow(\exists x)R(x, y))$。

整理得:

$$(\exists x)(\forall y)(F(y)\rightarrow R(x, y)),\text{所以},(\forall y)(\exists x)(F(y)\rightarrow R(x, y))。$$

按谓词演算规则,可知 C 是有效推理。如果把简单命题看成零元谓词,主谓结构看成一元谓词,两元关系看成两元谓词,上述被分析的命题就分别属于零层、一层和二层。

按 C 的方式来分析 A 和 B,是否可以获得有效性的结果呢?可以。但这是劳而无功,最终这些被分解的因素在推理中不发生作用。

孤立的自然语句是否存在逻辑结构,这与孤立的自然语句是否有语义内容一样,这个问题属于哲学问题。一种观点是,语句是群体,孤立语义内容一样,这个问题属于哲学问题。一种观点是,语句是群体,孤立的语句只在某一群体中才有结构和语义;另一种观点是,孤立语句有结构和语义,正因为孤立的语句有这两方面的特征,才能使各种语句组成整体。两种不同的观点来源于同一个事实和现象:一个语句只有在某一群体中才能实现其结构价值和语义价值。如果强调群体,便容易得出孤立语句没有意义的结论，如果强调个体，便容易得出没有个体就没有群体的结论。对于翻译来说，重要的不是两个结论中的某一个，而是两者所共同承认的那个事实。至于“大王是小王的朋友”。究竟是性质判断还是关系判断？这个问题要看在什么语境下来分析，在一种语境下，它是关系判断，在另一种语境下，它也可以作为性质判断，而在某些语境下，它甚至可作为简单的命题。它“本身”究竟是什么？意义并不重要。为了练习，我们往往把上句翻译成关系判断。大体上可以采用如下立场：如果一个语句常用于某一语境，我们便说这个语句具有两种相应的逻辑结构。

自然语言中同一个语句在不同语境中可以有不同的逻辑结构。对此，我们可以问：不同语境为什么会导致不同的逻辑结构呢？语境中究竟包含了哪些因素足以影响一个语句的逻辑结构呢？

一个语境给出的个体域是影响该语句逻辑结构的首要因素。这一点也许并不为很多人注意，让我们考察下面这个语例。

【例 6.2.2】 分析“所有老虎是有斑纹的”与“有些老虎是有斑纹的”的逻辑结构及其差别。先让我们假设是在老虎这个范围内的话，即老虎是我们的个体域。此时它们分别具有如下逻辑形式：

$(\forall x)F(x)$，即所有个体都是 F；

$(\exists x)F(x)$，即有些个体是 F。

由此可见，这种分析的结果与我们日常语法结构类似，两者具有相同谓词，差别仅在于量词。现在我们假设在动物这个范围内说话，两者逻辑形式如下：

$(\forall x)(g(x)\rightarrow F(x))$，即任一动物，若是老虎，则它有斑纹。

$(\exists x)(g(x)\wedge F(x))$，即有动物，它是老虎且有斑纹。

可见，两者逻辑结构的差别巨大，一个是蕴涵式，另一个是联言式。对于“所有老虎是有斑纹的”这一语句，当论域为老虎时，它的逻辑形式是$(\forall x)F(x)$；当论域为动物时，它的形式是$(\forall x)F(x)$。

这充分说明论域对于逻辑结构的影响。如果不注意这一点，就不能分析出推理的有效性。

我们将为“所有老虎都是有斑纹的”设想几种不同的论域，并分析它所在的推理有效性。

A：所有老虎都是有斑纹的，所有老虎都是动物，所以，有些动物是有斑纹的。

令 A 中两个前提都是在老虎范围中说话的，我们可以把老虎作为个体域，此时 A 的两个前提分别有下面形式：

$$(\forall x)(F(x)),\ (\forall x)(g(x))。$$

从这两个前提出发，我们能得到期望的结果。其过程是：由$(\forall x)(F(x))$，得 $F()$；由$(\forall x)(g(x))$，得 $g()$；从而得：

$$F()\wedge g()\text{；再得：}(\exists x)(F()\wedge g())。$$

最后结论表示存在一个老虎，它是动物又是有斑纹的。

B：所有老虎是有斑纹的，所有东北虎是老虎，所以，所有东北虎是有斑纹的。

对于 B，不能取老虎作为个体域，也不能取东北虎作为个体域，因为不能用$(\forall x)F(x)$，表示“所有老虎是 F”又表示“所有东北虎是 F”。此时我们应取动物为个体域，两个前提获得如下形式：

$$(\forall x)(F(x)\rightarrow H(x)),$$
$$(\forall x)(g(x)\rightarrow F(x))。$$

从这两个前提出发，容易得所需要的结论。

$$\text{由}(\forall x)(F(x)\rightarrow H(x))\text{得 }F()\rightarrow H()\text{；}$$
$$\text{由}(\forall x)(g(x)\rightarrow F(x))\text{得 }g()\rightarrow F(),$$
$$\text{从而可得：}g()\rightarrow H()。$$

经过量词概括，则有：$(\forall x)(g(x) \to H(x))$。

除了论域，基本词项的选择也是影响语句逻辑结构的重要因素。

【例 6.2.3】 分析“有一个儿子则有一个父亲”的逻辑结构。

第一种翻译：

$$(\exists x)F(x) \to (\exists x)(g(x))。$$

这种翻译把父亲和儿子看成两个不相干的一元谓词，错误甚多，不能显示该自然语句中蕴涵的平凡真理。

第二种翻译：

$$(\exists x)(\exists y)F(x,\ y) \to (\exists u)(\exists v)H(u,\ v)。$$

这种翻译有了进步，把父亲和儿子分别作为两个独立的两元谓词，但仍然不能显示上述生活中的平凡真理。其原因是在例 6.2.8 中，“父亲”和“儿子”不是独立的基本词项，只有选择恰当的词项作为基本词项将“父亲”“儿子”解释出来，才能揭示这一平凡的真理。为此，我们作第三种解释：

$(\exists x)(\exists y)(\exists z)$($x$ 男性，x 与 y 是夫妻，x 与 y 生养了 z，z 为男性。)$\to(\exists u)(\exists v)(\exists w)$($u$ 男性，u 与 v 是夫妻，u 与 v 生养了 w。)

整理得：

$$(\exists x)(\exists y)(\exists z)(A(x) \wedge A(z) \wedge R(x,\ y) \wedge H(x,\ y,\ z))$$
$$\to (\exists u)(\exists v)(\exists w)(A(x) \wedge R(u,\ v) \wedge H(u,\ v,\ w))。$$

根据 $p \wedge q \to q$，上述公式确是一逻辑真理。在这种解释中，个体域为人，基本词项为“夫妻”“生养力”“男性”。“父亲”“儿子”不见了，它们被基本词项解释了，平凡的真理也被显示出来了。同一个自然语句，却有三种不同的逻辑结构，差别在于把什么词项作为基本词项。第三种解释显示出生活中的平凡真理，而第一种和第二种却不能。每个人都知道例 6.2.3 所述是一真理，但是绝大多数人并未注意当我们确认这一真理时，我们心中的依据是什么？一些人甚至误认为父亲与儿子仅是两个年龄殊异的男子。事实上，当我们谈论儿子时，必有下面这幅图景，有 a 与 b，a 为男子并与 b 结为夫妻，a 与 b 生养了 c，c 为男性，唯此，c 才是 a 的儿子，也是 b 的儿子。当我们谈论父亲时，必有下面这幅图景：有，a 与 c，a 为男性且与 b 结为夫妻，a 与 b 生养了 c，唯此，a 才是 c 的父亲。由于第三种解释将这两幅图景描写了出来，从而把那司空见惯的真理外在化了。

选定个体域，并在个体域上建立基本谓词或关系，一个论域就被确定。公理化理论将论域明确提出；来指明一个理论的个体域，指明个体域上的基本词项。而日常语言则将论域暗含在语境中，这就解释了一个重要现象：我们常常感知到一个真理，却不容易感知到这些真理的依据或逻辑结构。越是平凡的真理，这种反差越明显——越是显见的真理越是不知其所以然。日常思维的另一个特点是论域不确定，它不像数学、逻辑等精确科学那样在限定论域内说话，而是在各种不同论域之间自由往返，走东穿西，把各种不同真理汇集一起用以说明问题。因此，日常思维是较为高级的多层次的，精确科学是较为低级的单一层次的，前者以后者为基础。当我们要确认日常思维中的某一真理时，常常要把它恢复到某一论域，或者重新为它确定一个论域，以显示它的逻辑结构，这就是翻译的基本任务。

为了准确翻译，我们应当熟悉自然语言，也应当熟悉人工语言。首先是关于量词的直观涵义。

为了简便，我们假定论域中只有两个个体，记为$\{1, 2\}$，个体域上的基本谓词有 $F(\Delta)$；$R(,)$。在这些假定下，有如下初步结论：

(1) 全称量词相当于合取：

$$\forall xF(x) \equiv F(1) \wedge F(2)。$$

(2) 存在量词相当于析取：

$$(\exists x)F(x)\equiv F(1)\vee F(2)。$$

(3) 否定规则如下：

$$\neg(\exists x)F(x)\equiv(\forall x)\neg F(x)；\neg(\forall x)F(x)\equiv(\exists x)\neg F(x)。$$

这是因为：

$$\neg(\exists x)F(x)\equiv\neg F(1)\wedge\neg F(2)\equiv(\forall x)\neg F(x)；$$
$$\neg(\forall x)F(x)\equiv\neg F(1)\vee\neg F(2)\equiv(\exists x)\neg F(x)。$$

(4) 全称到存在：

$$(\forall x)F(x)\equiv F(1)\wedge F(2)\rightarrow F(1)\vee F(2)\equiv(\exists x)F(x)。$$

(5) 全称合取规则如下：

$$(\exists x)F(x)\wedge R(x,2)\equiv F(1)\wedge F(2)\wedge R(1,2)\wedge R(2,2)$$
$$\equiv(\forall x)(F(x)\wedge R(x,2))。$$

(6) 存在析取规则如下：

$$(\exists x)F(x)\vee(\exists x)R(x,2)\equiv F(1)\vee F(2)\vee R(1,2)\vee R(2,2)$$
$$\equiv(\exists x)(F(x)\vee R(x,2))。$$

但是全称析取和存在合取没有类似规则。

$((\forall x)F(x)\vee(x)R(x,2))\rightarrow(\forall x)(F(x)\vee R(x,2))$,反之不成立。

$((\exists x)F(x)\wedge R(x,2))\rightarrow((\exists x)F(x)\vee(\exists x)R(x,2))$反之不成立。

(7) 全称量词交换规则如下：

$$(\forall x\forall y)R(x,y)\equiv(\forall y\forall x)R(x,y)。$$

(8) 存在量词交换规则如下：

$$(\exists x)(\exists y)R(x,y)\equiv(\exists y)(\exists x)R(x,y)。$$

这些初步结论很好推广到一有穷个体域以至无穷个体域中。但是一般来说，由于个体的数目不同，一公式的可满足性和普效性的情况是不同的。例如，在一个个体域中，$(\forall x)F(x)\vee(\forall x)\neg F(x)$是普效的；在两个个体域中，这个公式就不普效了。

掌握量词的直观涵义和上述初步结论，便于翻译，也便于鉴别一公式是否为逻辑真理。

其次是关于辖域问题。我们从一些例句说起。

【例 6.2.4】 分析"一年级学员只给一年级学员写信"。

这句话的涵义是，任何一个学员 x，如果 x 给谁写了信，则谁就是一年级学员。符号化为：

$$(\forall x)(F(x)\rightarrow(\forall y)(R(x, y)\rightarrow F(y)))。$$

这里$(\forall y)$的辖域是$(R(x, y)\rightarrow F(y))$；$(\forall x)$的辖域是整个公式。由于 $F(x)$中不含有 y 变元，可否将(y)的辖域向左扩大到包括 $F(x)$呢？回答是肯定的。上述公式可以改写成如下形式：

$$(\forall xy)(F(x)\rightarrow(R(x, y)\rightarrow F(y)))。$$

意即：对于任何 x，y，若 x 是一年级学员，又若 x 给 y 写了信，则 y 是一年级学员。

可见，这个说法比前一个说法更通顺。一般的有：

(9) $$P\rightarrow(\forall y)F(y)\equiv(\forall y)(P\rightarrow(y)F(y))。$$

这是因为：

$$(\forall y)(P\rightarrow F(y))\equiv(P\rightarrow F(1))\wedge(P\rightarrow F(2))\wedge\cdots, \wedge(P\rightarrow F(n))$$
$$\equiv P\rightarrow(\forall y)F(y)。$$

【例 6.2.5】 分析"只要有人来，那么我就上课"。

这句话的涵义是，如果存在一个人，使得，这个人来了，那么事情 p 发生。在这里，我们取人作为个体域，"来"作为基本谓词，"我上课"作为原子命题。

符号化：

$$(\exists x)F(x)\to P。$$

这里，$(\exists x)$的辖域是$F(x)$，由于P和变元x无关，可否将辖域向右扩大到包括P呢？回答是否定的，因为下面两个公式的意义不同。

$$(\exists x)F(x)\to P;$$
$$(\exists x)(F(x)\to P)。$$

一般的有：

$$(10)\quad (\exists x)F(x)\to P\equiv\neg(\exists x)F(x)\vee P\equiv(\forall x)\neg F(x)\vee P$$
$$\equiv(\forall x)\neg F(x)\vee P$$
$$\equiv(\forall x)(\neg F(x)\vee P)\equiv(\forall x)(F(x)\to P)$$

最后这个公式的涵义是，对任何x，如果他来了，那么我上课。这个说法比原先说法较为通顺，可见掌握了量词和辖域的有关知识常常可以使翻译通俗化。

【例 6.2.6】　翻译“所有圆都是几何图形，谁画了一个圆，谁就画了一个几何图形。”

这是逻辑真理，我们要确定论域以便表达这一真理。

取一般事物为个体域，“圆”“画”“几何图形”作为基本谓词。

前提符号化：

$$(\forall x)(S(x)\to P(x)),$$

结论符号化：

$$(\exists y)(S(y)\wedge R(a,y))\to(\exists u)(P(u)\wedge R(a,u))。$$

说明：在结论符号化中，用a指某人或某物，而没有用变量，如果使用变量，并在公式前加全称量词，就强调指出了“谁……，谁就……”的涵义。但为了简化，我们没有做如此细致的描述。“画了一个圆”应该用存在量词,即有一个 y, y 是圆,并且 a 画了 y。同样“画了一个几何图形”也应该用存在量词,即有一个 u, u 是几何图形,并且 a 画了 u。这里没有强调指出 y 和 u 是同一物,只是指出它们的“存在”。最后,关于个体域,由于例 6.2.7 的前提和结论中出现了“圆”“几何图形”,我们应当取比这些对象更低一层的客体为个体域,而不能取圆或几何图形为个体域,但是寻找“几何图形”的属概念并不容易,所以我们就取一般事物化作为个体域。

【例 6.2.7】 翻译“马是动物,所以马头是动物”。

取一般物为个体域;“马”“动物”“头”作为基本谓词。

前提符号化:

$$(\forall x)(S(x)\rightarrow P(x)),$$

结论符号化:

$$(\forall x)(\exists y)(S(y)\land R(x, y))\rightarrow(\exists v)(P(v)\land R(x, v))。$$

说明:“马头是动物”应该如何理解?有些著作,把它理解为“有一个马头,则有一个动物头”。如果按这种理解,结论符号化应为:

$$(\exists x)(\exists y)(S(x)\land R(x, y))\rightarrow(\exists u)(\exists v)(P(v)\land R(u, v))。$$

这个结论比我们的结论弱。按例 6.2.8 的语境,把“马头是动物头”理解为“任何一物,若它是马头,则它是动物头”更为妥当。本句翻译的难点在于“马头”这个词。例 6.2.8 是生活领域的真理,但是未必人人都能为这一真理描绘出清晰的图景,一部分人可能将“马头”看成孤立的某物。事实上,客观世界中不存在一个独立物——马头。马头是指一个东西长在马的某个部位恰好构成了“头”的关系。正如世界上有“父亲”这个词,却没有父亲这样的人,这样的物。父亲是一种关系,是几个个体之间的关系,而不是这些个体,如果把“马头”看成一元谓词,把“动物头”看成另一个一元谓词,上述真理绝不能表达出来。人们一般认为，语言是抽象思维的工具，人工语言更具有抽象性，其实这只是问题的一方面。从语义方面看，人工语言比自然语言更抽象，从结构方面看，人工语言比自然语言清晰得多。正因为人工语言的语义减少了，它就专注于从结构方面来刻画事实和真理，数理逻辑中的人工语言为真理提供了正确的图景。人工语言实际上是一种图象结构的形象语言。

【例 6.2.8】　翻译“有一个结果，则有一个原因”。

如果取“结果”“原因”作为基本词项，这个日常真理不能显示出来。该语句之所以是真理，基础在于对“结果”和“原因”这两个词作了解释，使原因与结果发生联系。为此我们取物为个体域，取“引起”“先于”“后于”作为基本词项。

论域确定后，我们将为例 6.2.8 提供图景。

一事物之为另一事物的原因，其图景是：一事物引起了另一事物，并且一事物在先，而另一事物在后。

符号化结果：

$$(\exists x)(\exists y)(R(y, x)\wedge G(y, x)\rightarrow(\exists u)(\exists v)(R(u, v)\wedge G(u, v)))。$$

这个公式的涵义是，如果有事件 x 和 y，且 y 在 x 先，y 引起 x；则有一事件 u，一事件 v，u 在 v 前，u 引起 v。从而表达了“有结果必有原因”之真理。

【例 6.2.9】　翻译“最多一个人不喜欢他”。

取人为个体域；“喜欢”为基本词项。

符号化结果：

$$(\exists x)(\forall y)(y=x\vee R(y, a))。$$

这个公式的涵义是，存在一个人 x，对于任何人 y，y 或者为 x，或者 y 喜欢 a。

说明：本句翻译的难点在于“最多一个”这个词。我们采用“=”解决了这一困难。按公式涵义，若 $y\neq x$，则 y 喜欢 a；若 $y=x$，y 是否喜

欢 a，公式没有指明。即使这个 y 不喜欢 a，也只有一个人不喜欢 a，这就表达了“最多一个人”的涵义。将这个做法推广，“最多有 n 个人不喜欢他”可表示如下：

$$(\exists x_1)(\exists x_2)\cdots(\exists x_n)(\forall y)(y=x_1 \vee y=x_2 \cdots \vee y=x_n \vee R(y, x))。$$

【例 6.2.10】 翻译“恰有一个人喜欢他”。

符号化：

$$(\exists x)(\neg R(x, a) \wedge (\forall y)(\neg R(x, a) \rightarrow y=x))。$$

这个公式的涵义是，有一个人 x 不喜欢 a；如果有另一人 y 也不喜欢 a，则 y 就是 x。

【例 6.2.11】 翻译“没有最大数”。

符号化：

$$\neg(\exists x)(y(R(x, y)) \equiv (\forall x)(\exists y)(\neg R(x, y))。$$

第三节　谓词逻辑的核心

谓词逻辑远比命题逻辑丰富、复杂。尤其是，命题逻辑的有效性依据真值表是可以判定的，而谓词逻辑是不可判定的。1936 年美国逻辑学家丘奇严格证明了不存在一种机械方法以判别任一量词公式是否有效。由于数学可以在谓词逻辑中形式化，如果谓词逻辑是可判定的，那么就可以指望创造一台机器，让它来鉴别一切数学公式的有效性。丘奇定理打破了人们这一美好的梦想。因此，如何掌握谓词逻辑规则就显得更为紧迫。从方法论上看，逻辑的根本特点是分解。它把复杂的过程分解成几种简单易行的规则，然后由这些不足道的简单规则把各种复杂过程重新复制出来。如果牢固而清晰地掌握了这些简单规则，一切复杂程序也就成了囊中之物。本章将运用适当推理自然地引入这些最基本的规则，以求对它们有一个直观的认识。

先考察全称量词推理过程。

【例 6.3.1】 分析“所有老虎都是有斑纹的，所有东北虎都是老虎，所以，所有东北虎是有斑纹的”。

将这个推理的前提和结论形式化；

$$(\forall x)(S(x) \to P(x)),$$

$$(\forall x)(M(x) \to S(x)),$$

$$所以，(\forall x)(M(x) \to P(x))。$$

形式化之前的推理是人所共知的有效三段论，我们关心的是形式化之后的前提如何能生成形式化的结论？我们必须想出一些规则来实现下面这一点：从$(\forall x)(S(x) \to P(x))$和$(\forall x)(M(x) \to S(x))$生成$(\forall x)(M(x) \to P(\forall x))$。第一步，我们容易想到从一般到个别。既然对一切 x 而言，它若是 S 则它是 P，那么就某个 a 而言，a 若是 S，则 a 是 P。这样，从上述两个形式化的前提，可得：

$$S(a) \to P(a),\ M(a) \to S(a)。$$

这两个前提现在已不含自由变量，而是完整的命题，由它们可得：$M(a) \to P(a)$。即有：

$$S(a) \to P(a),$$

$$M(a) \to S(a),$$

$$所以，M(a) \to P(a)。$$

$M(a) \to P(a)$并不是我们所需要的结论，但这个过渡性的结论与我们所需要的结论，只差一个全称量词。因此第二步应该想到从个别到一般。它使我们从 $M(a) \to P(a)$，进入$(x)(M(x) \to P(x))$。如果建立了这两个规则，例 6.3.1 之命题的有效性可以从下面斜线序列中得到：

1° $(\forall x)(S(x)\to P(x))$ （前提）

2° $(\forall x)(M(x)\to S(x))$ （前提）

3° $S(a)\to P(a)$ （由 1°消量词）

4° $M(a)\to S(a)$ （由 2°消量词）

5° $M(a)\to P(a)$ （由 3°和 4°三段论）

6° $(\forall x)(M(x)\to P(x))$ （由 5°引入量词）

很明显，由 5°到 6°还有很多细节有待说明。现在，先正式建立第一个规则。

【规则 1】 $(\forall x)F(x)\vdash F(a)$。

由于前提中出现全称量词，结论中不出现全称量词，故称它为“全称量词消去”规则。这个规则允许我们从公式$(\forall x)F(x)$，得 $F(a)$，或 $F(y)$。

为了建立规则 2，我们需要重新研究由 5°到 6°的合理性。一般来说，全称量词不能无条件地引入，不能由公式 $F(x)$得到$(\forall x)F(x)$。上例中由 5°到 6°的关键性条件是过渡性结论 $M(a)\to P(a)$中的“a”是任意的，当初在 3°和 4°中，可以随意挑选它，因而所得结论对于任意 a 而言都是成立的。由此可见，对公式 5°添加全称量词有两个条件：第一，5°这个公式本身不是假设而是由前提引出的结论，第二，5°这个过渡性结论中的个体“a”与前提无关。把这些思想形式化，便有如下规则。

【规则 2】 若 $\Gamma\vdash A(x)$　x 不在 Γ 中出现，则 $\Gamma\vdash(\forall x)A(x)$。

“x 不在 Γ 中出现”这个限制条件表示 Γ 能推导出 $A(a)$，也能推导出 $A(b)$，$A(c)$，等，从而为 Γ 推导出$(\forall x)A(x)$提供了保证。规则 2 似乎有些陌生，实际上它常被运用。例如，为了证明一切三角形内角之和等于 180°，人们不可能也不必要穷尽地枚举“一切”三角形，而是任选一个三角形 a 作如下证明(见下图)：

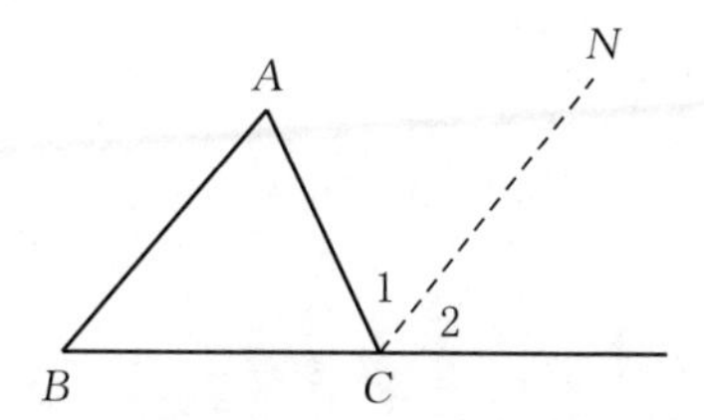

1° 过 C 点作直线 CN 平行于 AB。

2° $\angle 1=\angle A$，$\angle 2=\angle B$，

3° $\angle C+\angle 1+\angle 2=180°$，

4° $\angle A+\angle B+\angle C=\angle 1+\angle 2+\angle C=180°$

在这个证明中，过一点仅可作一条直线平行于已知直线及平角恒为 180°这两个命题是几何公设，这些公设相当于规则 2 中的 Γ，由此所得的三角形 a 内角之和为 180°，相当于过渡结论 $A(x)$，由于三角形 a 的选择与公设无关，即不论对哪个三角形，只要这些公设成立，上述证明有效。从而，在公设之下，可推得“一切三角形内角之和为 180°”。这个结果的推导，相当于由 Γ 可推 $(\forall x)A(x)$。

规则 2 由两部分组成，第一部分 $\Gamma \vdash A(x)$，称为辅助推演，第二部分 $\Gamma \vdash (\forall x)A(x)$，称为结果推演。结果推演是从辅助推演中产生的，如果存在第一部分推演，就存在第二部分推演。在运用规则 2 时，要特别注意“x 不在 Γ 中出现”这个条件。

【例 6.3.2】 分析下面论证的有效性：如果第一个人是第二个人的父亲，则第二个人就不是第一个人的父亲，因此，没有一个人是他自己的父亲。

分析步骤如下：

A：前提符号化，

$$(\forall x)(\forall y)(R(x, y) \rightarrow \neg R(y, x))。$$

B：消去量词，

$$R(a, a) \rightarrow \neg R(a, a)。$$

C:运用命题逻辑，

$$\neg R(a, a)。$$

D:引入量词，

$$(\forall x)(\neg R(x, x))。$$

解决全称量词推理的基本步骤为上述 A, B, C, D 四步。从 A 到 B 是规则 1,取 X 和 y 为 a;从 B 到 C 是命题逻辑。解决谓词逻辑问题的基本思想是,把带有量词的问题经过消去量词后转化为命题逻辑,最后在适当场合下加上量词。这就是由 C 到 D,条件是过渡性结论 $\neg R(a, a)$中的 a 在前提中不出现,这表明:只要前提$(\forall x)(\forall y)(R(x, y)\rightarrow\neg R(y, x))$存在,不论挑选哪一个 a,结论 $\neg R(a, a)$都成立。

【例 6.3.3】 证明下面推理的有效性:没有存在主义(E)喜欢(L)任何一个实证主义者(P);所有维也纳小组成员(M)都是实证主义者。因此没有存在主义者喜欢维也纳小组成员。

分析步序如下:

1° $(\forall x)(\forall y)(E(x)\wedge P(y)\rightarrow\neg L(x, y)$

2° $(\forall x)(M(x)\rightarrow P(x))$

3° $E(a)\wedge P(b)\rightarrow\neg L(a, b)$

4° $M(b)\rightarrow P(b)$

5° $E(a)\wedge M(b)\rightarrow\neg L(a, b)$

6° $(\forall y)(E(a)\wedge M(y)\rightarrow\neg L(a, y))$

7° $(\forall x)(\forall y)(E(x)\wedge M(y)\rightarrow\neg L(x, y))$

1°和 2°是前提形式化;3°和 4°是消全称量词;5°是命题逻辑;6°是对第二个体添加量词;7°是对第一个体添加量词。6°和 7°的合理性在于过渡性结论中的 a 和 b 是随意挑选的,它与前提无关。

现在来考量存在量词的推理过程。

【例 6.3.4】 分析下面推理的有效性：所有老虎是有斑纹的，元元是老虎，所以，至少有一个生物是有斑纹的。

前提和结论分别形式化：

$$(\forall x)(S(x)\rightarrow P(x)),\ S(a)，所以(\exists x)P(x)。$$

和例 6.3.1 一样，我们并不是关心形式化之前的推理的有效性，而是关心怎样塑造规则来解释由形式化的前提可生成形式化的结论。

由规则 1，从$(\forall x)(S(x)\rightarrow P(x))$，可得 $S(a)\rightarrow P(a)$，进一步可得 $P(a)$，如果能创造从个别到存在的规则，我们就能从 $P(a)$得到$(\exists x)P(x)$。把这个自然的想法陈述为规则，则有：

【规则 3】 $A(x)\vdash(\exists x)A(x)$。

有了规则 3，例 6.3.4 的有效性可表示如下：

1° $(\forall x)(S(x)\rightarrow P(x))$

2° $S(a)$

3° $S(a)\rightarrow P(a)$　　（规则 1）

4° $P(a)$

5° $(\exists x)P(x)$　　（规则 3）

【例 6.3.5】 分析下面推理的有效性：所有老虎是有斑纹的，至少有一个老虎，所以，至少有一个是有斑纹的。

将其前提和结论形式化：

$$(\forall x)(S(x)\rightarrow P(x)),\ (\exists x)(S(x))，所以(\exists x)(P(x))。$$

要塑造新规则解释例 6.3.5，最自然的想法是把前提中的存在量词暂时消去，引入一个假设性名词，最后再解除这个假设。具体做法如下：

1° $(\forall x)(S(x)\rightarrow P(x))$

2° $(\exists x)(S(x))$

3° $S(a)$

4° $S(a) \to P(a)$

5° $P(a)$

6° $(\exists x)(P(x))$

7° $(\exists x)(P(x))$

这里的关键是3°、6°、7°三步。3°是增加的暂时假设，它有待解除。增加这个假设的用意是，不妨先令 a 是老虎，从而推得6°，即 $(\exists x)P(x)$。自然这没有最后达到目的，这个结论是在增加了假设之后才获得的。但是，我们要留意这个结论虽然是在假设3°的帮助下获得的，却与3°中个体"a"无关。不管在3°中假设哪一个 a，只要 a 是 S，就能推导出 $(\exists x)P(x)$。这就表明，只要存在一个体是 S，便有 $(\exists x)P(x)$ 这个结论。步骤7°正是根据这个想法毅然消除了增加的假设，把结论 $(\exists x)P(x)$ 写在前提1°和2°之下。

把这些想法用形式化方法表示出来，便是如下规则。

【规则4】 若 $A(x) \vdash B$　　x 在 B 中不出现，则 $(\exists x)A(x) \vdash B$。

与规则2类似，规则4也是由两部分组成的。第一部分称为辅助推演，第二部分称为结果推演，整个规则说，如果存在第一个推演：$A(x) \vdash B$ 且 x 与 B 无关，那么就有第二个推演：$(\exists x)A(x) \vdash B$。在运用规则4时必须注意"a 在 B 中不出现"这个限制条件。

规则4同样符合我们的日常思维习惯。设想一位教师称：只要有一个人来，我就上课。如何验证此言为真呢？办法是这样：随意假定一个 a 来了，试看他是否上课，如果教师上课，则不仅表明 a 来了，他上课；还表明：只要有人来了，他就上课。因为来的是谁，并不重要。

在具体运用规则4时，还应注意一些问题。

【例6.3.6】 试分析下面这个推理的错误所在：有人是党员，有人不是党员，所以，有一个人既是党员又不是党员。

为了指出其中的错误，我们为它构造如下推导过程。

1° $(\exists x)(S(x))$

2° $(\exists x)(\neg S(x))$

3° $S(a)$

4° $\neg S(a)$

5° $S(a) \wedge \neg S(a)$

6° $(\exists x)(S(x) \wedge \neg S(x))$

7° $(\exists x)(S(x) \wedge \neg S(x))$

这个推理错误在最后一步。从6°到7°必须满足限制条件：结论与增加假设中的“a”无关。但是上述推导，先选取a，继而又选择a，结论$(\exists x)(S(x) \wedge \neg S(x))$正是依赖于这种碰巧的选择。为了防止这种错误，我们暂时作下列规定：假设性的名称必须是在该推导中先前未曾使用过的。按这条规定，3°中选择了a，4°中只能另选b，于是从例6.3.6的两个前提进行推理，可得：

1° $(\exists x)(S(x))$

2° $(\exists x)(\neg S(x))$

3° $S(a)$

4° $\neg S(b)$

5° $S(a) \wedge \neg S(b)$

6° $(\exists x)(\exists y)(S(x) \wedge \neg S(y))$

7° $(\exists x)(\exists y)(S(x) \wedge \neg S(y))$

这个结论与$(\exists x)(S(x) \wedge \neg S(x))$不大相同。一般来说，可以把$(\exists x)(S(x))$改名为$(\exists y)(S(y))$，但是对于$(\exists x)(\exists y)(S(x) \wedge \neg S(y))$，不能把其中的$(\exists x)(S(x))$改名为$(\exists y)(S(y))$，否则就将引起混乱。这正如一个人可以随意为自己起一个名字，但是如果本单位已经有人用了a这个名字，那么他就不宜再用a作名字，以免人们在谈论他们时造成混淆。

【例6.3.7】 分析下面推理的有效性：

所有老虎是有斑纹的，有些动物是老虎，所以，有些动物是有斑纹的。

形式证明如下：

1° $(\forall x)(S(x) \rightarrow P(x))$

2° $(\exists x)(Q(x) \wedge S(x))$

3° $Q(a) \wedge S(a)$

4° $S(a) \rightarrow P(a)$

5° $Q(a) \wedge P(a)$

6° $(\exists x)(Q(x) \wedge P(x))$

7° $(\exists x)(Q(x) \wedge P(x))$

与这个例子有关的注意事项是，应该先设存在量词的假设性名称，后消全称量词。本例中 3°和 4°本是并列的两个公式，但是考虑到存在量词的假设性名称在应在推导中第一次出现，因此，我们不是先写公式 4°，而是先写公式 3°。从整个序列可以看到：前提和结论中都没有假设性的名字，因此，它们只是过渡性的中介物。

量词推理公式的数目众多，形式复杂，但其根本核心是上述四条规则。把握了这四条规则，原则上可以对付各种困难和麻烦。但是在实施中还需要有清晰的头脑和谨慎的态度以避免各种错误。为此，有些著作在四条规则之外增加了不少新的限制。下面将举一些实用性较强或推导较复杂的实例来帮助读者掌握上述四条规则。

【例 6.3.8】 构造下面的推理过程：圆是几何图形，谁画了一个圆，谁就画了一个几何图形。

形式化过程：

1° $(\forall x)(S(x) \rightarrow P(x))$

2° $(\exists y)(S(y) \wedge R(x, y))$

3° $S(b) \wedge R(x, b)$

4° $S(b) \rightarrow P(b)$

5° $P(b) \wedge R(x, b)$

$6°$ $(\exists u)(P(u) \wedge R(x, u))$

$7°$ $(\exists u)(P(u) \wedge R(x, u))$

$8°$ $(\exists y)(S(y) \wedge R(x, y)) \rightarrow (\exists u)(P(u) \wedge R(x, u))$

$9°$ $(x)((\exists y)(S(y) \wedge R(x,y)) \rightarrow (\exists u)(P(u) \wedge R(x,u)))$

这个推理的结论是全称蕴涵式，它表示：任何客体如果刻画了一个圆，那么就画了一个几何图形。为了得到这个全称性的结论，首先要有8°，并且使 x 变元在其中自由。为了得到 8°，先假设 8°的前件，期望由此推出 8°的后件。这就是假设 2°的理由。1°和 2°分别是全称和存在，这里先作假设性名字“b”，再消公式 1°。

逻辑学家德摩根曾用“马是动物，所以马头是动物”来批评传统三段论的薄弱；数学家希尔伯特又用“每个人都有父亲”为例来说明命题逻辑的表达力不强，他进一步评议道，逻辑语言应该像生活用语一样，可以表达各种平凡的真理。

【例 6.3.9】　分析“每个人都有一个父亲”的真理性。

这个命题更确切地可表达为：有一个人被称作儿子，则有一个人被称作父亲。

形式化过程：

$1°$ $(\exists x)((\exists y)(\exists z)(S(y) \wedge R(y, z) \wedge H(y, z, x) \wedge S(x)))$

$2°$ $S(b) \wedge R(b, c) \wedge H(b, c, a) \wedge S(a)$

$3°$ $S(b) \wedge R(b, c) \wedge H(b, c, a)$

$4°$ $(\exists u)(\exists v)(\exists w)(S(u) \wedge R(u, v) \wedge H(u, v, w))$

$5°$ $(\exists u)(\exists v)(\exists w)(S(u) \wedge R(u, v) \wedge H(u, v, w))$

公式 1°当然是假设；公式 2°引进了三个暂时性的假设名字，它与 1°首尾相接；公式 3°是 1°和 2°之下的推导，它由四支联言得到三支联言；公式 4°是添加存在量词，公式 5°与公式 1°对齐，表示 4°这个结论不依赖于公式 2°，从而解除了这个临时增加的假设。本例提供了处理以上假设性名字的方法，它们可以逐一处理，也可以像本例一样一并处理，两种方法都不应忘记分别用 a，b，c 去命名。

职业、物品、恋爱对象等合理行为的选择，在经济、伦理、心理学方面是普遍现象。x 与 y 相比，如何选择？这里有三种方案。第一种，无差别选择，即选 x 和 y 一样，记为 I；第二种，弱选优，即或者优选 x，或者选 x 与选 y 无差别；第三种，严格选择，即优选 x。后两种分别记为 Q 和 P。下面的例题证明，如果弱优选 Q 作为基本概念，可以推出关于严格优选 P 和无差别 I 一切期望性质。

弱优选 Q 的性质由下面两条公式给出：

1. $(\forall x)(\forall y)(\forall z)(xQy \wedge yQz \rightarrow xQz)$；

2. $(\forall x)(\forall y)(xQy \vee yQx)$。

无差别选择和严格优选定义如下：

3. $(\forall x)(\forall y)(xIy \leftrightarrow xQy \wedge yQx)$；

4. $(\forall x)(\forall y)(xPy \leftrightarrow \neg yQx)$。

【例 6.3.10】 试从上述四个前提推出下列结论：

(a) $(\forall x)(xIx)$；

(b) $(\forall x)(\forall y)(xIy \rightarrow yIx)$；

(c) $(\forall x)(\forall y)(z)(xIy \wedge yIz \rightarrow xIz)$；

(d) $(\forall x)(\forall y)(xPy \leftrightarrow \neg yPx)$；

(e) $(\forall x)(\forall y)(z)(xPy \wedge yPz \rightarrow xPz)$；

(f) $(\forall x)(\forall y)(xIy \rightarrow \neg(xPy \vee yPx))$；

(g) $(\forall x)(\forall y)(\forall z)(xIy \wedge yPz \rightarrow xPz)$；

(h) $(\forall x)(\forall y)(\forall z)(xIy \wedge zPx \rightarrow zPy)$。

现证明如下：(a)

1°	$(\forall x)(\forall y)(xQy \vee yQx)$	(2)
2°	$(\forall y)(xQy \vee yQx)$	(1°消)
3°	$xQx \vee xQx$	(2°消)
4°	xQx	(命题演算)
5°	$xQx \wedge xQx$	(命题演算)

6° xIx (3)

7° $(\forall x)(xIx)$ (6°引) (a)得证。

(b) 1° xIy (假设)

2° $xQy \wedge yQx$ (3)

3° $yQx \wedge xQy$ (命题)

4° yIx (3)

5° $xIy \to yIx$ (→引)

6° $(\forall x)(\forall y)(xIy \to yIx)$ (5°引) (b)得证。

(c) 1° $xIy \wedge yIz$

2° $xQy \wedge yQx \wedge yQz \wedge zQy$

3° $xQy \wedge yQz \wedge zQy \wedge yQx$

4° $xQz \wedge zQx$

5° xIz

6° $(xIy \wedge yIz \to xIz)$

7° $(\forall x)(\forall y)(\forall z)(xIy \wedge yIz \to xIz)$ (c)得证。

(d) 1° xPy

2° $\neg(yQx)$

3° xQy

4° $\neg(yPx)$

5° $xPy \to \neg(yPx)$

6° yPx

7° $\neg(xQy)$

8° $\neg(xPy)$

9° $yPx \to \neg(xPy)$

10° $xPy \leftrightarrow \neg yPx$

11° $(\forall x)(\forall y)(xPy \leftrightarrow \neg yPx)$ (d)得证。

其余几个命题的证明留给读者去完成。本题的意义在于，弱优、强优、无差别三个概念中的两个可以定义另一个，但是，如果选择弱优 Q 作基本词项，用这一个却可以定义另外两个，并且证明了这样的定义能够获得预期效果。

【例 6.3.11】 设有如下公理：

$$(\forall x)(\forall y)(xEy \leftrightarrow (\forall z)(xLy \wedge yLx \wedge (xLz \leftrightarrow yLz)))$$

试证明：

(a) $(\forall x)(\forall y)(xEy \rightarrow yEx)$；

(b) $(\forall x)(\forall y)(\forall z)(xEy \wedge yEz \rightarrow xEz)$。

"像"是感觉心理和认识论中经常讨论的问题。"像"为非传递关系，a 像 b，b 像 c，未必 a 像 c。"完全像"就具有传递性了。如果用 L 表示像，E 表示完全像，则选用 L 为词项定义 E，可以证明这样定义是成功的。完成上述证明是不困难的，读者不妨一试。

下面将举一些错误推理的实例。

【例 6.3.12】 分析下面推理的错误：

1° $(\forall x)(\exists y)(x<y)$

2° $(\exists y)(x<y)$

3° $x<a$

4° $(\forall x)(x<a)$

5° $(\exists y)(x)(x<y)$

6° $(\exists y)(x)(x<y)$

公式 1°可解释为，对于任何数 x，都存在数 y，使得 y 大于 x；公式 6°可解释为，存在数 y，它大于一切数 x。显见上述推理错误的原因是在公式 4°中误用了全称量词引入规则。公式 3°是假设，它不满足"某一前提的推论且其中自由变元 x 与前提无关"这个限制性要求。

【例 6.3.13】 分析下面形式证明的错误：

1° $(\forall x)(\exists y)(x<y)$；

2° $(\exists y)((x+y)<y)$；

3° $(\exists y)((0+y)<y)$；

4° $(\exists y)(y<y)$；

公式1°可解释为，对于任何数x，都存在数y，使得y大于x；公式4°可解释为，有一数大于它本身。此推理错误的原因是在于全称量词限定时所选的暂时性名称不谨慎。在公式2°中，取$x+y$作为x的暂时性名称是不合时宜的。

第四节 解 释

设想我们收到外星人如下两条符号串：

(1) 000Y00X00000；

(2) 000Y00X00Y000；

如何破译它们，获得其中信息？方法之一是对(1)和(2)这两条符号串作出解释。两条符号串中的“0”“Y”“X”三种不同类型的符号，需要我们找出三种熟悉的符号来对应它们，并且构成有意义的句子。例如，在如下的对应下：

$Y\leftrightarrow+$(加)；

$X\leftrightarrow=$(等于)；

$0\leftrightarrow1$；

$00\leftrightarrow2$；

……

(1)和(2)分别被翻译成：

(1) $3+2=5$；

(2) $3+2=2+3$。

从而，我们发现外星人已经像我们一样地了解算术，或者类似于算术地运算。

从上述对应或解释过程中可以看出，我们的兴趣不是研究(1)和(2)的语法规律，而是给它们赋予一种意义，使抽象符号变成有内容的语句，因而是语义方面的事。当代语言学所关注的已不再是单纯的语法研究，语义内容也渐渐地作为一种新的血液注入形式系统中了。诚然，对于形式系统中的一个“语句”，该“语句”是否属本系统中的“真理”，等等；但是一个形式系统绝不同于象棋、扑克之类的游戏，除了娱乐之外不提供任何真实世界的知识。相反，形式系统的价值正在于以其特有的方式涉及我们生活其中的真实世界。因而探求形式系统的涵义，解释符号串的内容便成了另一个重要的课题。在一些场合，我们要破译一个陌生公式的涵义，犹如破译密码、考古研究一样；在另一些场合，我们要熟悉的公式赋予新的解释，如同为旧乐曲谱写新词一般。不论哪种情形，都可能收到意外的效果。

我们来处理下面两条公式：

(3) $(\forall x)(\forall y)(\forall z)(xQy \wedge yQz \rightarrow xQz)$；

(4) $(\forall x)(\forall y)(xQy \vee yQz)$。

这里要处理的仅仅是 Q 这个谓词，至于 $\wedge$，$\vee$，$\rightarrow$ 则被看成已知的。从形式上看，Q 是两元谓词，其性质恰是(3)和(4)所刻画的。但是要将 Q 的性质把握在手，就必须寻找满足(3)和(4)而又为我们熟悉的算子。由于一个谓词的性质与个体域有关，所以解释大致分为两步。第一步，确定论域；第二步，在这个论域上定义某谓词，使它满足(3)和(4)。对此，我们实施如下：

论域：自然数集 $N=\{1, 2, \cdots, n, \cdots\}$；

谓词“$\geqslant$”：其涵义正如通常所了解的那样。

用“$\geqslant$”代换“Q”，(3)和(4)被解释为：

(3′) $(\forall x)(\forall y)(\forall z)(x \geqslant y \wedge y \geqslant z \rightarrow x \geqslant z)$；

(4′) $(\forall x)(\forall y)(x \geqslant y \vee y \geqslant x)$。

显见(3′)和(4′)是自然数域上的算术真理。

如果某一理论仅以(3)和(4)作公理,便可以断言这理论无非是关于$\geqslant$的理论;或者是类似的理论。然而,关于Q的理论不同于$>$的理论。这是因为,自然数中,并不是任何两个自然数都恰有$>$关系,除此外,还有相等关系。因此,下面两式中,第一个成立,第二个不成立。

$$(\forall x)(\forall y)(\forall z)(x>y\wedge y>z\rightarrow x>z);$$
$$(\forall x)(\forall y)(x>y\vee y>x)。$$

以后,被解释的符号称为原语句,解释后的语句称为译句。在原语句中有时还出现运算符号,为了解释它们,就要在论域上定义运算,作为原语句相应符号的对应物。例如,考察下面两个原语句:

(5) $p\times q=q\times p$;

(6) $(p\times q)\times r=p\times(q\times r)$。

虽然其中的"$\times$"是我们十分熟悉的乘法运算,但是为了满足(5)和(6),可以把这个乘法算子重新解释为类运算的交($\cap$)、并($\cup$)、命题逻辑算子合取($\wedge$)、自然数运算的加($+$),等等。这些不同的解释是在算术、类、逻辑等不同领域中进行的,这就说明这些不同论域上的不同运算在本质上是类似的,也就说明了(5)和(6)并不是仅仅只有乘法运算才具有的规律,而是多种论域上多种运算的共同规律。

在原语句中处了谓词、算子等词,常常还有自由变元、专名,需要在个体域上确定一些个体作为它们的对应物。

试解释下列公式:

(7) $xHy\rightarrow(\forall z)(xIz\rightarrow zHy)$。

(7)中包含了多种不同类型的符号:自由个体变元(x, y)、谓词(H, I)、逻辑符号($\rightarrow$)。我们暂把这里的逻辑符号看成已知的,仅对前几种作解释。

首先假设论域为自然数集$N=\{1, 2, \cdots, n, \cdots\}$;其次,定义"$>$"和"$=$"正如我们所熟悉的那种大于和等于关系;最后,选择个体2和1

来替换自由变元 x 和 y。这样由(7)而得(7′)：

(7′) $2>1\rightarrow(\forall z)(2=z\rightarrow z>1)$。

显见(7′)为真。至此，对于解释可作如下小结：

假设形式语句 Q 中包含了谓词、算子、自由变元和专名等表达式，为了解释 Q，首先构造个体域，然后在其上定义谓词、算子，用以代换 Q 中的谓词表达式、算子表达式，最后用论域中某些个体常项代换 Q 中的自由变元和专名，从而得到语句 P，它称为 Q 在该论域上的解释。

"解释"，在日常思维中主要指对某个词的各种用法给以说明，现在我们则给出了一种专门的意义。

语句 P 对公式 Q 的解释有三种情况。有些公式在一些解释下为真，在另一些解释下为假；有些公式在任何解释下为真；有些公式在任何解释下为假。试考察下面三个公式：

(8) $(\exists x)F(x)\wedge(\exists x)\neg F(x)$；

(9) $(\forall x)F(x)\rightarrow F(y)$；

(10) $(\exists x)(F(x)\wedge\neg F(x))$。

对于(8)，有两种解释。

第一种：论域为{1}，用"是奇数"这个谓词解释 F。此时(8′)为：有一个体是奇数，并且有一个体不是奇数。

显见，(8′)为假。

第二种：论域为{1, 2}，用"是奇数"这个谓词解释 F。此时(8′)为：有一个体是奇数，并且有一个体不是奇数。

容易看出，这个解释句为真。

对于(9)和(10)，可以想象不论作何种解释(9)为真，(10)为假。我们把第一类公式称为可满足的；把第二类公式称为普效的；把第三类公式称为永假的。逻辑上最关心的课题之一是判别一个形式公式是否普效。如果存在一种解释使某公式为假，该公式不是普效的；如果存在一种解释使某推理的前提真而结论假，该推理无效。

三种公式的区分以哲学上的可能世界为背景。人们只能生活在现实世界中，小王聪明但不用功，终于留级。对此人们可以议论道：如果小王用功学习，不但升级，还是个优等生。这个议论的背景是假设了世界有无穷多个可能情况，或者说有无穷多个可能世界。在一种可能世界中，小王留级，在另一种可能世界中，小王升级并且是优等生。现实世界只是可能世界的一种，现实中的事不必是每一个可能世界中的事情，逻辑真理就是在各种可能世界中都成立的真理，它比碰巧成立的现实真理稳固。人类认识的目的之一便是分清某一真理是逻辑的还是非逻辑的。一种解释相当于一种可能世界，在所有解释下都是真的，则相当于在所有可能世界都成立的真理，因此，解释的第一个应用是为判明一公式是否普效提供有力工具。

【例 6.4.1】　考察下面公式 A 是否普效。

A：$(\forall x)(\exists y)(F(x, y)) \rightarrow (\exists y)(\forall x)(F(x, y))$。

现作如下解释：

论域：自然数集 N。

谓词：>(大于)。用>解释 F。

A 的前件被解释为：对于任何数 x，都存在 y，使得 $y>x$；这个解释句真。

A 的后件被解释为：存在任何数 y，对于任何 x，都有 $y>x$；这个解释句假。

由于 A 的前件在解释下真，后件在解释下假，所以 A 不是普效真理。从而推理式

$$(\forall x)(\exists y)(F(x \cdot y)) \vdash (\exists y)(\forall x)F(x, y)$$

是无效的。它说明重叠量词不可随意交换。

【例 6.4.2】　解释下面公式 B，并判别它是否普效。

B：$F(y) \rightarrow (\forall x)F(x)$。

现做如下解释：

论域：自然数集 N。

谓词：是奇数。用奇数解释 F；用 1 解释自由变元 y。

B 被解释为：如果 1 是奇数，则一切数是奇数。这个解释句是假的，因为 1 是奇数，2 不是奇数。

这表明，下面推理式是无效的：

$$F(y) \vdash (\forall x)F(x)。$$

这也说明添加全称量词是有条件的。这个条件在第七章已作详细讨论。

用解释法容易说明，公式 $(\forall x)F(x)\rightarrow F(y)$ 在空集为假。在空集中，不存在个体不是 F；同时不存在个体是 F，即 $F(y)$ 为假。为了把上述公式接受为普效公式，就必须作出“非空论域”的限制。有了这个限制，才保留了下面两个符合人们习惯的推理式：

$$(\forall x)F(x) \vdash F(y);$$

$$(\forall x)F(x) \vdash (\exists x)F(x)。$$

利用解释法为无效论证提供反例，这在逻辑史上占有重要地位。亚里士多德创立的三段论，不仅包含了对有效式的论证，也包含了对无效式的解释。为了说明“所有 B 是 A，所有 C 不是 B，所以，有 C 不是 A”是无效论证，亚里士多德找到“动物”“人”“马”三个词项作为上述 A，B，C 的一个解释，从而使得上述三段论两个前提为真而结论为假。亚里士多德这种解释法、这种用排斥方法来说明无效推理的思想没有受到后人重视。波兰逻辑学家罗卡西维茨曾与他的学生建立了关于无效三段论的系统，也是逻辑史上稀有之物。

解释的另一个应用是论证诸前提的一致性。

判别诸前提是否一致并不像判别一公式是否普效那样，要在所有解释下都为真才能作出结论，相反，只要存在一种解释使前提为真，则可判别这些前提是一致的。如果不存在一种解释使诸前提为真，则这些前提是不一致的。

【例 6.4.3】 证明下面一组公式的一致性。

(a) $(\exists x)(\exists y)(x * y \neq y * x)$；

(b) $(\forall x)(\exists y)(x * y = 0)$；

(c) $(\forall x)(\exists z)(z * x = 0)$。

(a)(b)(c)是三个无意义的公式，能否给出一种解释使它们成为三个真语句？解决这个问题不决定于语法层次上的思考，而与知识面的宽广相联系，这是语义层次上的问题的特征。

现作如下解释：

论域：整数集合。

算子：减法。用－(减)解释算子符号*。

(a′) $(\exists x)(\exists y)(x - y \neq y - x)$；

(b′) $(\forall x)(\exists y)(x - y = 0)$；

(c′) $(\forall x)(\exists z)(z - x = 0)$。

由于在整数中，$2-1 \neq 1-2$，故(a′)为真；对于任何数 a，$a-a=0$ 故解释句(b′)和(c′)为真。这表明上述三公式可以同时为真，因此是一致的。

【例 6.4.4】 证明下面一组公式的一致性。

(a) $(\forall x)(\exists y)(ypx)$；

(b) $(\forall x)(\forall y)(xpy \rightarrow \neg ypx)$；

(c) $(\forall x)(\forall y)(\forall z)(xpy \wedge ypz \rightarrow xpz)$。

现作如下解释：

论域：人的全体。

谓词：第一个人是第二个人的祖先。用祖先解释 p。

(a′) $(\forall x)(\exists y)$(y 是 x 的祖先，即每个人都有自己的祖先)；

(b′) $(\forall x)(\forall y)$(如果 x 是 y 的祖先，那么 y 不是 x 的祖先)；

(c′) $(\forall x)(\forall y)(\forall z)$(如果 x 是 y 的祖先，y 是 z 的祖先，则 x 是 z 的祖先)。

根据人们的生活知识解释这三个解释句为真。因此(a)(b)和(c)是一致的。如果选择祖父关系解释 p，则前两个解释句真，后一个解释句假，但这不能判定(a)(b)和(c)不一致。只有当不存在一种解释使(a)(b)(c)皆真时，才说它们不一致。

解释的第三种应用是证明公理的独立性。

在第五章中，我们已经非正式地提出了公理的独立性问题。当一个理论用公理方法表达时，为了简练，常常要求把公理的数目减少到最低限度，使得其中任一公理不能由其余的公理推导出来。如何才能鉴别一组公理已经互相独立无需再紧缩呢？解释法再次显示了力量。如果某公理可由其余公理派生出来，那么对于任何一种解释，使得前提公理真而该公理假，则表明该公理与其余公理独立。

【例 6.4.5】 证明下面两条弱优选公理的独立性：

(a) $(\forall x)(\forall y)(\forall z)(xQy \wedge yQz \to xQz)$；

(b) $(\forall x)(\forall y)(xQy \vee yQx)$。

为了证明(b)独立于(a)，必须寻找一种解释，使得(a)真而(b)假。现在解释如下：

论域：人的全体。

谓词：第一人是第二人的祖先。以此解释 Q。

在这个解释下，(a)的解释句为真，因为“祖先”确有传递性；(b)的解释句为假，因为并不是任何两人之间都有“祖先”关系。这个解释证明了(b)独立于(a)，但没有证明(a)独立于(b)。为此，还要寻找一种解释，使(b)真而(a)假。现在作第二种解释：

论域：自然数集合。

谓词：$x<y+2$。以此解释 xQy。

对于任何 x 和 y，如果 $x<y+2$ 不成立，则 $y<x$，则 $y<x+2$。因

此解释句(b)为真。另一方面，

虽然，$4<3+2$，

　　$3<2+2$，

但是，$4<2+2$ 不成立，

因此解释句(a)为假。

【例 6.4.6】 证明命题演算 H 系统公理的独立性。

(a) $A \vee A \rightarrow A$；

(b) $A \rightarrow A \vee B$；

(c) $A \vee B \rightarrow B \vee A$；

(d) $(B \rightarrow C) \rightarrow ((A \vee B) \rightarrow (A \vee C))$。

变形规则：

若 $A \rightarrow B$ 和 A 可证，则 B 可证。

考虑逻辑公理的独立性于考虑一般公式的独立性不同，对于后者，人们常常把逻辑词项作为已知的，不重新解释；对于前者，需要解释的恰是这些逻辑词项。更为重要的是，后者，人们总以逻辑为工具来考虑一个公式到另一个公式的"推导"，但是在考虑逻辑公理独立性时，人们不能再以逻辑为工具来考虑"推导"问题，代替这个工具作用的是变形规则。鉴于此，逻辑公理独立性可定义如下：如果存在一种解释，使得(b)(c)和(d)获得某一性质，而且变形规则保持这一性质，但是(a)没有这性质，则(a)对于(b)(c)和(d)是关于此变形规则而独立的。

现解释如下：

论域：$\{0, 1, 2\}$。

算子：解释"∨"的算子如下：

	0	1	2
0	0	0	0
1	0	1	2
2	0	2	0

解释“$\neg$”的算子如下：

0	1
1	0
2	2

在这种解释下，(b)(c)和(d)获得恒为0的“性质”。数表从略。应用分离规则，从数值恒为0的公式只能看到数值恒为0的公式。列表如下：

A	B	$\neg A$	$A \to B(\neg A \vee B)$
0	0	1	0
0	1	1	1
0	2	1	2
1	0	0	0
1	1	0	0
1	2	0	0
2	0	2	0
2	1	2	2
2	2	2	0

观察此表，A 和 $A \to B$ 为0时，B 为0。

最后，在这种解释下，公理(a)不恒为0。数值表从略。这样，公理(a)独立于其他公理。为了证明(b)独立于(a)(c)和(d)，常常要作另外解释。

一种解释就是一种同构。为了不同的目的就要构造不同的解释或同构。如果存在一种解释，使逻辑系统的所有公理为真，而且变形规则保持这种“真”的性质，则说明此系统是一致的；如果存在一种解释，使逻辑系统的某公理为假，而其余公理皆为真，并且变形规则保持这种“真”的性质，则说明该公理独立于其余公理。如果存在一种解释，使逻辑系统的所有定理为真，并且所有真语句所对应的形式符号都是逻辑系统的定理，则说明此系统是一致而又完全的。同时也说明这个逻辑系统具有把握现实的能力，因此这种解释历来为人们所追求，正如我们在第九章完成命题演算元定理所做的那样。在逻辑史上值得一提的是莱布尼茨于1679年发现了亚里士多德三段论系统的一个算术解释。其过程大致如下。

对于三段论中的词项 a，对应于一对互质的自然数 a_1 和 a_2；对于三段论中的词项 b，对应于另一对互质的自然数 b_1 和 b_2。当且仅当 a_1 被 b_1 整除，a_2 被 b_2 整除，“所有 a 是 b”为真；这两个条件有一个不满足时，“有 a 不是 b”为真。当且仅当 a_1 与 b_2 没有不同于1的公因子，a_2 与 b_1 不同于1的没有公因子，“有 a 是 b”为真。这两个条件有一个不满足时，“所有 a 不是 b”为真。

在这种解释下，容易验证，有效三段论将被确证；无效三段论将被排斥。例如，“所有 a 是 b，所有 b 是 c，所以，所有 a 是 c”在解释下为真。

设 a_1 与 a_2 互质，b_1 与 b_2 互质，c_1 与 c_2 互质；且 $a_1=q_1b_1$，$a_2=q_2b_2$，$b_1=q_3c_1$，$b_2=q_4c_2$；则 $a_1=q_1b_1=q_1q_3c_1$，$a_2=q_2b_2=q_2q_4c_2$。又如“所有 a 是 b，所有 c 是 b，所以，所有 a 是 c”在解释下不真。

设 a 解释为(15，14)，b 解释为(3，7)，c 解释为(9，28)。则15与14，3与7，9与28分别互质。又15被3整除，14被7整除；9被3整除，28被7整除；但是15不被9整除，14不被28整除。

莱布尼茨的算数解释不仅适用于三段论，而且适用于换位、换质、对当关系，这就表明三段论同算术理论本质上是同一件事。罗卡西维茨由此引申道：“莱布尼茨曾经说过：科学和哲学的争论总能够用一个演算来解决。依我看，他的著名的‘演算’似乎与以上三段论系统的算术解释相联系，而不是与他关于数理逻辑的观念相联系。”

解释法对于谓词逻辑具有特别的重要性，因而是研究形式系统的重要方法，我们有必要对它作进一步的说明。这些说明没有为解释法增加原则上的新理论，但可以引起更多的注意。

第一，解释与定义不同。

定义是对词项的涵义和用法做出说明或规定。已经使用的词项，需要说明;未曾使用的词项,需要规定。解释是为一串具有语法结构的符号赋予意义。两者相比,定义是实现从语义到语法的转换,解释是实现从语义到语法的转换,定义告诉人们,一个词项的涵义是什么,解释告诉人们一个仅有语法结构的符号串或形式系统能够具有什么意义。

为了解释语句 Q,常常先确定论域,然后在此论域上定义适当的谓词和算法,最后用它们去解释 Q 中的相应表达式。这里的定义是在同一论域上用一些词去说明另一些词,而解释却是用这论域上的谓词、算法是同一论域上的活动,解释则常在两个论域之间进行。在考虑定义是否恰当时,由定义理论来指导,如定义不能同语反复,不能自相矛盾;在考虑解释是否恰当时,由解释理论来指导,如关于谓词类型、自由变元的个数以及解释同一性的要求等。

定义和解释都是研究形式系统强有力的工具,都是用已知说明未知的方法。定义给予我们一个完整的形式系统,解释则使这个形式系统具有现实意义。没有定义,就没有形式系统,没有解释,形式系统只能使抽象空洞的符号,正是有了解释,一个重要而深刻的哲学问题才得以产生。这就是:形式符号真的能把握客观现实吗?

第二,解释句与限定句不同。

为了确定解释句的真假,常常将解释句中的量词消去,得到一些辅助性语句。如果解释句是存在命题,只要举出证实性的特例就能确定其为真,如果解释句是全称命题,只要举出反例就能确定其为假。但是证实性的特例和反驳性的反例都不是原语句的解释句。解释句赋予原语句涵义而不改变其语法形式,特别是不改变其量词结构,如果改变了原语句的语法形式和量词结构,这就不是在解释该语句了。这里也有两种层次的分别:从解释句到消去其量词而得到辅助句,这是同一论域上的活动;从原句到解释句是不同论域之间的对应和同构,因此其间的语法结构“不变”。如果不注意这个区别就将成为隐患。例如,为了从

原句 Q 得到解释句 P，一方面要用已经定义的谓词、算子“代入”到 Q 中的相应表达式，另一方面要充分注意得到的解释句 P 与 Q 同构。

第三，关于论域和运算的封闭问题。

为了解释原句 Q，可以在许多论域上进行，但是每一次只能在固定论域上完成解释任务。必须在固定论域内选取个体常项，运算也必须在论域上封闭。例如，为要解释“$(\forall x)F(x)\to F(y)$”，我们取偶数集为论域，用“是偶数”来解释“F”，取 3 作为自由变元 y 之值，于是解释句“如果一切个体是偶数，那么 3 是偶数”为假。这个错误解释违反了“必须在论域之内选取个体作为自由变元之值”的原则。为说明运算必须封闭，让我们考察本章最后一个例子。

【例 6.4.7】 证明下面两个符号串是独立的：

(a) $(\forall x)(\forall y)(x0y=y0x)$；

(b) $(\exists x)(\forall y)(y0x=y)$。

以(a)独立于(b)为例。解释如下：

论域：$\{1, 2\}$。

算法：除法。用 $\frac{y}{x}$ 解释 $x0y$。

此时有解释句：

(a′) 对于任何数 x，y，$\frac{y}{x}=\frac{x}{y}$。

(b′) 存在一个数 x_0，$\frac{y}{x_0}=y$。

(b′)的限定句为，$\frac{1}{1}=1$，$\frac{2}{1}=2$。

在此解释下，(b)真而(a)假，所以(a)独立于(b)。但是这个解释是错误的，因为除法在此论域内不封闭。为了鉴别(a′)的真假，我们必须考虑 $\frac{2}{1}=\frac{1}{2}$ 是否成立，但 $\frac{1}{2}$ 不是论域上的数，故解释无效。如果用 $\frac{2}{1}\neq\frac{1}{2}$ 来说明(a′)是假的，这也不符合解释规则。

第七章 谓词演算系统

在解释中，我们已经接触到普效公式，这是一类在任何不空论域中皆真的公式。例如：

(1) $(\forall x)F(x)\rightarrow F(y)$；

(2) $F(y)\rightarrow(\exists x)F(x)$；

(3) $(\exists x)(\forall y)F(x, y)\rightarrow(\forall y)(\exists x)F(x, y)$。

公式(1)的涵义是，若一切个体是 F，则某个体 y 是 F；公式(2)的涵义是，若某个体 y 是 F，则存在一个体是 F；公式(3)的涵义是，若存在一个体，它与一切个体有关系 F，则对一切个体而言，都存在一个体与它具有关系 F。

普效公式无穷无尽，企图将它们一一枚举是不可能的，但是十分可喜的是存在一种方法可将它们一览无余地组织在一个形式系统之中，这个方法就是形式化方法。形式化方法所以有如此神奇的力量，其奥秘何在？概括地说，形式化方法抽去普效公式的一切涵义，使它变成仅有形式外壳的客体；然后对这些客体建立演绎秩序，使它们变成首尾相接、后者总可以从前者演绎出来的序列；最后用解释法恢复这些客体的涵义。本章要说明这个没有涵义只有形式外壳的演绎序列是怎样建立起来的，也就是谓词演算系统是怎样建立的。

第一节　谓词演算系统

谓词演算系统是命题演算系统的扩充。命题演算系统由四个要点、两个部分组成。这就是基本符号和语言生成规则；公理和变形规则。对这四个要点适当扩充，便可组成谓词演算系统。下面分述这些要点。

【基本符号】

$p, q, r, p_1, q_1, r_1, \cdots$

$\neg, \vee$；

$x, y, z, x, y, z, \cdots$

$F, G, H, \cdots$

$(\cdots), (\exists\cdots)$；

(,)。

第一、二排的客体构成命题演算的基本符号；第三、四、五排是新增加的客体。经过解释，第三排是个体变元，第四排是谓词变元，第五排是量词算子。但现在它们是一些终极客体。对于它们，我们只能从外形和空间位置上加以识别。例如，我们能看出($\forall\cdots$)与($\exists\cdots$)不同；看出($\forall\cdots$)和($\exists\cdots$)与 F, G, H 不是同一类客体。为了说话方便，我们也给这些客体以适当名称，如称($\forall\cdots$)为全称量词，称($\exists\cdots$)为存在量词，称 F, G, H 为谓词变元，称 x, y, z 为个体变元。这些名称暗示了这些符号经过解释后的语义内容，但是形式系统的特点是依据语法，不依赖于语义解释。

【语言形成规则】

(1) 命题变元 π 是语句；

(2) 若 A 是语句，则 $\neg A$ 是语句；

(3) 若 A, B 是语句，且不存在个体变元 Δ，在 A(或 B)中自由而在 B(或 A)中约束，则 $A \vee B$ 是语句；

(4) $F(x)$, $G(x, y)$, $H(x, y, z)$是语句;

(5) 若 x 在 F 中自由,则$(\forall x)F(x)$, $(\exists x)F(x)$是语句;

(6) 只有适合以上各条的是语句。

其中(1)(2)和(3)是命题演算语言形成规则,(4)和(5)是新增加的规则。经过解释,这些符合以上规则的符号串都是语句或命题,但现在它们只是第二类终极客体。

根据这些规则,谓词演算系统中的“语句”可举例如下:

第 0 层:p, q, r, …

$F(x)$, $G(x, y)$, $H(x, y, z)$, …

第 1 层:$\neg p$, $\neg q$, $\neg r$, $\neg F(x)$, $\neg G(x, y)$, …

$p \vee F(x)$, $F(x) \vee H(x, y, z)$, $q \vee r$, …

$(\forall x)F(x)$, $(\exists x)G(x, y)$, $(\exists y)G(x, y)$, …

$(\forall x)(\exists y)G(x, y)$, …

……

第 $n+1$ 层:$\neg A$, A 为第 n 层“语句”;

$A \vee B$, 其中 B 是低于 n 层的“语句”;

$(\forall x)A(x)$, 其中 x 在 A 中自由;

$(\exists x)A(x)$, 其中 x 在 A 中自由。

由上可知,谓词演算中第二类客体或者说谓词演算系统中的语言由两部分组成,第一部分是原始语言,包括命题 π 和量词基本公式 $F(x)$, $G(x, y)$等;第二部分则是由原始语言生成的语言,生成的方式包括 $\neg$, $\vee$, $(\forall x)$, $(\exists x)$四种。普遍有效的逻辑规律无穷,包括普遍有效在内的逻辑命题更为无穷,这无穷集合能够用上述六条规则来刻画吗?能。事实表明,这无穷集合可以逐层构造,最低层是原始公式;对于原始公式作四种运算构成第 1 层;在新的层次上重复运用四种运算便得到一层层公式。在这里,语言的涵义没有了,$\neg$, $\vee$, $(\forall x)$, $(\exists x)$等符号的涵义已不复存在,但是语言的形式客体被完整地定义了出来。

这个贡献应该归于上述(1)至(6)递归定义,形式化方法所以有生命力,就在于它具有递归和公理演绎两种机制。在递归定义下,普遍有效的形式客体现在已成为逻辑语言的一个真子集,如何将这个真子集构造出来,这是公理演绎法的任务。在说明这一点之前,我们先对递归定义中某些限制条件作些解说。

例如,考察下面几个公式:

$A(x) \vee (\exists x)B(x, y)$,　$(\forall x)(\forall x)F(x, y)$,　$(\forall x)F(y)$。

根据(3),第一个公式不合式。因为 x 个体变元在 A 中自由,在 B 中约束。只要将 $(\exists x)B(x, y)$ 改为 $(\exists u)B(u, y)$,第一个公式便为合式公式。

根据(5),第二个公式和第三个公式分别为重复约束和空约束,不是合式公式。有些教科书也把它们作为语句,但是在考虑逻辑规律时,都将这些公式排除在外。

上面两个要点构成了形式系统的语言部分,它和日常语言相比要简练得多。接下来的任务是完成第二部分的构造,以便把逻辑规律这个真子集刻画出来。

【公理】

(1) $\vdash p \rightarrow p \vee q$;

(2) $\vdash p \vee p \rightarrow p$;

(3) $\vdash p \vee q \rightarrow q \vee p$;

(4) $\vdash (q \rightarrow r) \rightarrow ((p \vee q) \rightarrow (p \vee r))$;

(5) $\vdash (\forall x)F(x) \rightarrow F(y)$;

(6) $\vdash F(x) \rightarrow (\exists y)F(y)$。

前四条是命题演算系统中的公理,后两条是增设的公理。六条公理都是用系统内的语言书写的,这与命题演算系统中采用元语言书写公理的方式略有不同。两者相差一个代入规则,采用公理模式,就已经默认了代入规则;采用对象语言,则应在变形规则中增加一条代入规则。

六条公理，经过解释后都是普遍有效的逻辑规律，但是现在它们都是无意义的第三类客体，我们要通过这些原始的第三类公式生成无穷多个公式，以便把所需要的那个真子集刻画出来。为了实现这个目的，就要求助形式化方法中的第二种机制——演绎法。谓词演算中的演绎工具称为变形规则。

【变形规则】

(1) 代入规则。

(i) 关于命题变元的代入规则：

设 π 为公式 A 中的自由命题变项，用公式 B 代入 A 中 π，结果公式记为 $A(\pi/B)$，

若 $\vdash A$，则 $\vdash A(\pi/B)$。

(ii) 关于自由个体变元的代入规则：

设 Δ_1 是公式 A 中的自由个体变元，用 Δ_2 代换 Δ_1，结果公式记为 $A\left(\frac{\Delta_1}{\Delta_2}\right)$。

若 $\vdash A$，则 $\vdash A\left(\frac{\Delta_1}{\Delta_2}\right)$

(iii) 关于谓词变元的代入规则：

设 $\Gamma(\Delta_1, \Delta_2, \cdots, \Delta_n)$ 为公式 A 中的 n 元谓词($n\geqslant 0$)，用 $B(\Delta_1, \Delta_2, \cdots, \Delta_n, \Delta_{n+1}, \cdots \Delta_{n+i})$ ($i \geqslant 0$) 代换 Γ，结果公式记为 $A\left(\frac{\Gamma(\Delta_1, \Delta_2, \cdots, \Delta_n)}{B(\Delta_1, \Delta_2, \cdots, \Delta_n, \Delta_{n+1}, \cdots\Delta_{n+i})}\right)$

(2) 关于分离规则：

若 $\vdash A\rightarrow B$，$\vdash A$，则 $\vdash B$。

(3) 关于后件概括规则：

若 $\vdash A\rightarrow B(\Delta)$($\Delta$ 在 A 中不出现，则 $\vdash A\rightarrow\Delta)B(\Delta)$。

(4) 关于前件存在规则：

若$\vdash A(\Delta)\to B$（Δ在B中不出现），则$\vdash(\exists\Delta)A(\Delta)\to B$。

这些变形规则将以公理为出发点，生成一个个首尾相接的公式序列，使得杂乱无序的对象出现了演绎秩序。在实施这些变形规则时，要注意相应的限制条件。但从总体上说，谓词演算系统已经正式建立了。

谓词演算系统变形规则的限制条件如下。

(i) 关于命题代入规则的限制条件：

若B中有自由个体变项Δ，它在A中作为约束变项出现，而命题自由变元π在Δ的辖域之中，则不能以B代A中π。

【例 7.1.1】 考察下面的代入。

设公式C为：$(\forall x)(F(x)\vee P)\to(\forall x)F(x)\vee P$，

公式A为：$(\forall x)(F(x)\vee P)\to(\forall x)F(x)\vee(\forall x)(P\wedge(H(x)\vee\neg H(x)))$。

现考虑以$\neg F(x)$作为B，代入公式A中自由命题变元P，结果公式$A(P/\neg F(x))$为：$(\forall x)(F(x)\vee\neg F(x))\to(\forall x)F(x)\vee(\forall x)\neg F(x)$。

由于$\neg F(x)$中含有自由变元x，而x以约束变元出现在公式A中，并且被代入项P在x的辖域之中，所以这个代入违反限制条件。违反限制条件的代入，将破坏普遍有效性。上例中A普效，而$A(P/\neg F(x))$不普效。保持普遍有效性，正是代入的基本出发点。

公式C或公式A的普效性体现于F和P这两个自由变元的可变性之中，当用$P\wedge r$，q等命题变项来代换P时，所得的结果公式仍然普效。但是普遍有效并非没有界限，公式C的普效性以P是命题空位为前提，若用$P\wedge r$或q代换P时，普效性不变；若以$(\exists y)F(y)$或$(\exists x)F(x)$等命题代换P时，结果公式仍不失普效性；但是以$\neg F(x)$代换P时，结果公式不再普效。现检验如下：

第一种情形：

以$P\wedge r$代换P，结果公式为：

$(\forall x)(F(x)\lor(P\land r))\to(\forall x)F(x)\lor(P\land r)$，它是普效公式。

第二种情形：

以$(\exists y)F(y)$代换 P，结果公式为：

$(\forall x)(F(x)\lor(\exists y)F(y))\to(\forall x)F(x)\lor(\exists y)F(y)$它是普效公式

第三种情形：

以$(\exists x)F(x)$代换 P，结果公式为：

$(\forall x)(F(x)\lor(\exists x)F(x))\to(\forall x)F(x)\lor(\exists x)F(x)$，

这里由于变元 x 受双重约束，所得公式涵义不明，有些教材为避免这种情况，把双重约束或空约束作为不合式公式，但这里出现的困难不是根本性的，如将$(\exists x)F(x)$改写成$(\exists y)F(y)$后，代入保持普效。

如果不是以命题变元代换 P，而是用命题函项来代换 P，就将公式 C 或公式 A 的普效范围扩大，麻烦也由此产生。

第四种情形：

以 $F(y)$代换 P，结果公式为：

$(\forall x)(F(x)\lor F(y))\to(\forall x)F(x)\lor F(y)$，它是普效公式。

第五种情形：

以 $G(x)$代换 P，结果公式为：

$(\forall x)(F(x)\lor G(x))\to(\forall x)F(x)\lor(\forall x)G(x)$，这是非普效公式。

在第五种情形下，普效性终于丧失。这是因为，公式 C 有效是有条件的，条件之一是命题变元 P 与 A 中变元 x 无关。变形必须保持这个大前提，然而对象语言只把这个前提显示出来，并没有“说出来”，人们能够“看”出这个前提，为了“说出”这个前提，就得用元语言性质的代入规则及其限制条件。

(ii) 关于自由个体变元代入规则的限制条件：

如果Δ_2是公式A中的约束变元，那么不能用Δ_2代换公式A中的Δ_1。

【例 7.1.2】 考察下面的代入。

设公式A为：$(\forall x)(\exists y)(R(x, y))\rightarrow(\exists y)R(u, y)$，

现考虑以个体变元y代换A中个体变元u，结果公式$A\left(\frac{u}{y}\right)$为：

$(\forall x)(\exists y)(R(x, y))\rightarrow(\exists y)R(y, y)$。

由于个体变元y在A中以约束变元出现，所以代入违反限制条件。违反限制条件的代入将不保证公式的普效性。在自然数论域中，对于任何数x，存在另一数y，使得y大于x，但是不存在数y，使得y大于y自己。因此代入后的结果公式不是普效的，但代入前的公式A是普效的。

关于自由个体变元代入规则的限制条件，在非形式系统中是习惯地遵守的。例如：

令$F(y)=\lim\limits_{x\to 0}F(x, y)$，则$F(x)=\lim\limits_{u\to 0}F(u, x)$，而不是$\lim\limits_{x\to 0}F(x, x)$。

令$G(x)=\int_0^x F(t)dt$，则$G(t)=\int_0^t F(u)du$，而应避免写成$\int_0^t F(t)dt$。

(iii) 关于谓词变元代入规则的限制条件：

若$\Delta_{n+1}, \Delta_{n+2}, \cdots, \Delta_{n+i}$中存在$\Delta$，使得$\Delta$作为约束变元出现于公式$A$，并且$\Gamma(\Delta_1, \Delta_2, \cdots, \Delta_n)$在$\Delta$的辖域中，则不能用$B(\Delta_1, \Delta_2, \cdots, \Delta_n, \Delta_{n+1}, \cdots, \Delta_{n+i})$代换$A$中的$\Gamma$。

【例 7.1.3】 考察下面的代入。

设公式C为：$(\forall x)F(x)\rightarrow F(y)$，

公式A为：$(\forall x)F(x)\rightarrow(\forall x)(F(y)\vee(H(x)\wedge\neg H(x))$。

现在考虑$R(\Delta, x)$代换$F(\Delta)$，结果公式$A\,\frac{F(\Delta)}{R(\Delta, x)}$为：

$(\forall x)R(x, x) \to (\forall x)R(y, x)$。

这里是 $n=1$，$i=1$ 时情形。由于 Δ_{i+1} 为 x，x 在 A 中以约束变元出现，并且 $F(x)$ 在 x 的辖域中，所以代入违反限制条件。违反限制条件的代入将破坏普效性。在自然数论域中，任何数 x 自己等于自己，但是 x 与另一 y 不相等。所以，公式 C 或公式 A 普效，但代入后不普效。

公式 C 或公式 A 的普效性体现于变元 F 的可变性之中，对 F 作适当代入，其普效性不变。但普效性是有界限的，让我们分析下列几种情形。

第一种情形：

用 $G(\Delta) \wedge F(\Delta)$ 代换 $F(\Delta)$，结果公式为：

$(\forall x)(F(x) \wedge G(x)) \to F(y) \wedge G(y)$，它是普效公式。

第二种情形：

用 $(\exists u)R(\Delta, u)$ 代换 $F(\Delta)$，结果公式为

$(x)(\exists u)R(x, u) \to (\exists u)R(y, u)$，它是普效公式

第三种情形：

用 $(\exists x)R(\Delta, x)$ 代换 $F(\Delta)$，结果公式为：

$(x)(\exists x)R(x, x) \to (\exists x)R(y, x)$。

因 x 在结果公式中受双重约束，所以涵义不明，如将公式 $(\exists x)R(\Delta, x)$ 改写成 $(\exists u)R(\Delta, u)$，则代入保持普效。

第四种情形：

用 $R(\Delta, u, v)$ 代换 $F(\Delta)$，结果公式为：

$(\forall x)R(x, u, v) \to R(y, u, v)$，它是普效公式。

第五种情形：

用 $R(\Delta, x)$ 代换 $F(x)$，结果公式为：

$(\forall x)R(x, x) \to R(y, x)$，这是非普效公式。

在第五种情形下，普效性终于丧失。这里的情形与命题变元代入情形相同。公式 C 或公式 A 普效是以 F 为一元谓词空位为前提，在这

个范围内进行代入，普效性不变，但是越出这个范围，用两元谓词空位作代入，麻烦就此产生。如果将命题变元看成 0 元谓词，则命题代入规则将归属于谓词变元的代入规则。在对命题变元或谓词变元作代入时，如果扩大了谓词的“元”数，引入新的个体，而这个体在原公式中以约束变元出现，并且 π 或 Γ 在其辖域中，则代入将起结构性的变化，普效性终将丧失。

(iv) 关于后件概括规则的限制条件：

如果个体变元 Δ 在 A 中出现，那么由 $\vdash A \rightarrow B(\Delta)$，不能得到 $\vdash A \rightarrow (\Delta)B(\Delta)$。

【例 7.1.4】 分析下面后件概括的正确性。

【分析】

1° $F(x) \rightarrow F(x)$；

2° $F(x) \rightarrow (\forall x)F(x)$。

这里把 1°中前一个 $F(x)$看成前件 A，把后一个 $F(x)$看成后件 $B(x)$，由于 $F(x)$中的个体变元 x 在前件 A 中出现，所以 2°式后件概括违反了有关限制条件。违反后件概括规则将导致普效性的丧失。公式 1°普效，但公式 2°非普效。

在非形式证明中，误用后件概括规则是常犯的逻辑错误。

【例 7.1.5】 分析下面推理所犯的错误。

试证：对一切 x, y, z，若 $x+y<x+z$，则 $y<z$。

【证明】

1° 设 $x+y<x+z$；

2° 令 $x=0$，则 $0+y<0+z$；

3° $y<z$。

这个非形式证明中包含了重大的逻辑错误。如将上述证明形式化，错误将更清楚地被显示出来。

上述证明形式化后的序列为：

试证：$(\forall x)(\forall y)(\forall z)(x+y<x+z\rightarrow y<z)$。

【证明】

1° 设 $x=0$，且 $x+y<x+z$；

2° $0+y<0+z$；

3° $y<z$；

4° $x+y<x+z\rightarrow y<z$；

5° $(\forall x)(\forall y)(\forall z)(x+y<x+z\rightarrow y<z)$。

错误在于公式4°与前提 $x=0$ 有关，因而不能对4°运用概括规则。事实上，公式4°只表明在 $x=0$ 时成立，既假设 $x=0$，又对其进行概括，这显然是错误的。

(v) 关于前件存在规则的限制条件：

如果个体变元 Δ 在 B 中出现，则由 $\vdash A(\Delta)\rightarrow B$，不能得到 $\vdash(\exists\Delta)A(\Delta)\rightarrow B$。

【例 7.1.6】 分析下面推理中的错误。

试证：$(\exists y)(x\cdot y=1)\rightarrow x=1$。

【证明】

1° 设 $(\exists y)(x\cdot y=1)$；

2° 不妨令 $y=1$；

3° 则 $x\cdot 1=1$；

4° $x=1$；

5° $(\exists y)(x\cdot y=1)\rightarrow x=1$。

错误在于公式5°误用了前件存在规则。公式4°与个体 y 的选择有关，所以不能在最后消去假设公式2°。事实上，结论 $x=1$ 只适用于 $y=1$ 的特殊选择。

把上述变形规则施于公理，就将得到一个个可证公式，它们首尾相接，终将构成无穷有序序列。扮演演绎工具的变形规则，其本质究竟是什么？

代入规则也许是形式思维学科中最普遍最直觉的思维法则，但是它的本质并不容易说明。当人们谈论“公式”“普遍”“形式结构”时，就有一种“代入”的观念存在了。代入规则是将这种观念外在化、规则化。具体来说，代入规则具有三种性质。第一种性质，保持结构不变性。凡是符合代入规则的，结构是相同的，凡是不符合代入规则的，其结构就发生了变化。代入规则的限制条件表示如果不进行这种限制，代入就将改变一个公式的结构。第二种性质，保持普效性。这是从语义方面来说的。在非形式化思维中，代入保持公式的正确性。第三种性质，可以获得新结果。代入并不是微不足道的，在有些场合，它能起到十分积极的作用。特别是用$\neg P$代换P；用$F(x)$代换P将产生许多新奇的结果。反之，如果代入总是一成不变的，那么它将不能引导我们走出几步。

分离规则包含着有趣的现象，为了叙述方便，现将这条规则重述如下：

若上$\vdash A \rightarrow B$，$\vdash A$，则$\vdash B$。

在这条规则的叙述中，首先引人注意的词项是“若……，则……”。“若……，则……”，在这里是不加解释的元语言，它的涵义正如通常了解的那样，由前件推后件。其次引起人们注意的是“$\rightarrow$”，这个符号在本系统内是没有涵义的客体，但是追究其来源，仍可认为它是通常意义下的“若……，则……”经过算术化相当于一张真值表算子再抽象而成的终极客体，这个客体已经不是原来意义的“若……，则……”，但分离规则表明，它还是保持其前身（充分条件联结词）在推理中的作用，即由$A \rightarrow B$和A可得B。同是日常用语的“若……，则……”，它以两种不同身份出现在分离规则中，一种是元语言，这是我们用此讨论的；另一种是对象语言，这里我们需要讨论和研究的。

承认分离规则即是承认充分条件假言推理肯定前件规则，它保持普效性。

后件概括规则的意义相当于联言推理规则，这在有限论域中更为清楚。后件概括规则的内容是：

若$\vdash A \to B(\Delta)$，Δ在A中不出现，则$\vdash A \to (\Delta)B(\Delta)$。假设个体域有限，例如为2，则这条规则的意义为：

若$A \to B(1)$；　$A \to B(2)$；则$A \to (B(1) \wedge B(2))$。

容易看出，这是联言推理式。从中也可见后件概括规则里“Δ在A中不出现”这一限制条件的作用，它相当于：

$$A \to B(1); \quad A \to B(2);$$

如果没有这一限制条件，则后件概括规则的前提相当于：

$$A_1 \to B(1), \quad A_2 \to B(2);$$

从而使$A_1 \to (B(1) \wedge B(2))$和$A_2 \to (B(1) \wedge B(2))$都不成立。

类似地，前件存在规则的意义相当于两难推理或选言消去规则。前件存在规则的内容是：

若$\vdash A(\Delta) \to B$，Δ不在B中出现，则$\vdash (\exists \Delta)A(\Delta) \to B$。

假设个体域有限，例如2，则这条规则的意义为：

若$A(1) \to B$；　$A(2) \to B$，　则$(A(1) \vee A(2)) \to B$。

容易看出，这是选言消去规则或两难推理。从中也可见前件规则里“Δ在B中不出现”这一限制条件的作用，它使下述前提成立：

$$A(1) \to B; \quad A(2) \to B。$$

如果没有这一限制条件，则前提条件相当于：

$$A(1) \to B_1; \quad A(2) \to B_2。$$

从而使$(A(1) \vee A(2)) \to B_1$和$(A(1) \vee A(2)) \to B_2$都不成立。

后件概括规则与前件存在规则都保持公式的普效性。

现在我们能看到逻辑学家是怎样为普效公式客体建立演绎秩序的。他们把人类思维中最普遍的法则分成两类，一类作为公理，如一般到个别，个别到存在；一类作为变形规则，如代入法，联言合成，选言消去，假言肯定前件律，然后对公理施行变形规则即可得所期望的序列。

【例 7.1.7】 试证：$\vdash(\forall x)(F(x)\vee\neg F(x))$。

【证明】

1° $\vdash P\vee\neg P$；

2° $\vdash F(x)\vee\neg F(x)$；

3° $\vdash(F(x)\vee\neg F(x))\rightarrow(P\vee\neg P)\rightarrow(F(x)\vee\neg F(x))$；

4° $\vdash P\vee\neg P\rightarrow(F(x)\vee\neg F(x))$；

5° $\vdash P\vee\neg P\rightarrow(\forall x)(F(x)\vee\neg F(x))$；

6° $\vdash(\forall x)(F(x)\vee\neg F(x))$。

由 1°到 2°，运用代入法，它使我们由命题逻辑进入到谓词逻辑。由 4°到 5°，运用了后件概括规则。其合理性在于公式 4°被断定，其中出现的个体变元 x 在前件 $P\vee\neg P$ 中不出现。

【例 7.1.8】 试证：$(\exists x)F(x)\rightarrow\neg(\forall x)\neg F(x)$。

【证明】

1° $\vdash(\forall x)F(x)\rightarrow F(y)$；

2° $\vdash(\forall x)\neg F(x)\rightarrow\neg F(y)$；

3° $\vdash\neg\neg F(y)\rightarrow\neg(\forall x)\neg F(x)$；

4° $\vdash F(y)\rightarrow\neg\neg F(y)$；

5° $\vdash F(y)\rightarrow\neg(\forall x)\neg F(x)$；

6° $\vdash(\exists x)F(x)\rightarrow\neg(\forall x)\neg F(x)$。

由 1°到 2°，运用了代入规则；由 5°到 6°，运用了前件存在规则。其合理性在于公式 5°被断定，其中个体变元 y 在后件“$\neg(\forall x)\neg F(x)$”中不出现。从形式化的立场看，由于在公式 1°中引进的个体 y 是完全随意的，正是这一点才为前件存在规则的运用设下了潜在的逻辑基础。

第二节　谓词演算系统定理和导出规则

谓词演算系统的神奇能力就在于它具有演绎机制，系统一旦建立，就能生成无穷无尽的定理。本章就要展示这种能力，读者将从中看到谓词演算系统犹如一座精致而优美的定理库，它以极其精巧的方式贮存着大量的定理，只要按一定方法和程序，就能一个接一个地将它们生成。另一方面，系统中的定理和我们日常思维中的逻辑推导规则殊异，不能直接成为我们的推理工具，还应当在这个系统之上建立一些导出规则方能令人满意。

为了让读者掌握从形式系统中生成定理的方法和技巧，也为了理论上的需要，下面将生成适当数量的定理。

【定理 1】 $\vdash(\forall x)(F(x)\vee\neg F(x))$。

【证明】 略。见例 7.1.7。

【定理 2】 $(\forall x)F(x)\to(\exists x)F(x)$。

【证明】

1° $\vdash(\forall x)F(x)\to F(y)$　　（公理）

2° $\vdash F(y)\to(\exists x)F(x)$。　　（公理）

3° $\vdash(\forall x)F(x)\to(\exists x)F(x)$。　　（命题演算三段论）。

序列 1°至 3°构成了定理 2 的证明。对公式 1°和公式 2°运用命题演算三段论得 3°。

【定理 3】 $\vdash(\forall x)(F(x)\wedge G(x))\leftrightarrow((\forall x)F(x)\wedge(\forall x)G(x))$。

【证明】

1° $\vdash(\forall x)(F(x)\wedge G(x))\to(F(y)\wedge G(y))$；

2° $F(y)\wedge G(y)\to F(x)$；

3° $\vdash(\forall x)(F(x)\wedge G(x))\to F(y)$；

4° $\vdash(\forall x)(F(x)\wedge G(x))\to(\forall y)F(y)$；

5° $\vdash\forall(x)(F(x)\wedge G(x))\to(\forall y)G(y)$；

6° $\vdash(\forall x)(F(x)\wedge G(x))\to((\forall x)F(x)\wedge(\forall x)G(x))$；

7° $\vdash(\forall x)F(x)\wedge(\forall x)G(x)\to(F(y)\wedge G(y))$；

8° $\vdash(\forall x)F(x)\wedge(\forall x)G(x)\to(\forall x)(F(x)\wedge G(x))$

序列1°至6°证明了自左到右的蕴涵；7°至8°证明了自右到左的蕴涵。1°和7°都是一般到个别；4°、5°和8°运用了后件概括规则。先消去量词，为运用命题演算开辟通道，在水到渠成之后再添加全称量词。公式5°的生成过程和公式4°的生成过程平行，这里省略了。

【定理4】 $\vdash(\forall x)(F(x)\to G(x))\to((\forall x)F(x)\to(\forall x)G(x))$。

【证明】

1° $\vdash(\forall x)(F(x)\to G(x))\wedge(\forall x)F(x)\leftrightarrow(\forall x)((F(x)\to G(x))\wedge F(x))$；

2° $\vdash(\forall x)(F(x)\to G(x))\wedge\forall(x)F(x)\to(F(y)\to G(y))\wedge F(y)$；

3° $\vdash(F(y)\to G(y))\wedge F(y)\to G(y)$；

4° $\vdash(\forall x)(F(x)\to G(x))\wedge(\forall x)F(x)\to G(y)$；

5° $\vdash(\forall x)(F(x)\to G(x))\wedge(\forall x)F(x)\to(\forall x)G(x)$；

6° $\vdash(\forall x)(F(x)\to G(x))\to(\forall x)F(x)\to(\forall x)G(x)$。

公式1°是运用定理3的结果，公式2°消去全称量词，以便运用命题演算定理。公式5°运用后件概括规则，添加全称量词。

【定理5】 $\vdash(\forall x)(F(x)\leftrightarrow G(x))\to((\forall x)F(x)\leftrightarrow(\forall x)G(x))$。

为将定理5分解成如下形式，证明过程将一目了然：

$\vdash(\forall x)((F(x)\to G(x))\wedge(G(x)\to F(x)))\to((\forall x)F(x)\to(\forall x)G(x))$；

$\vdash(\forall x)((F(x)\to G(x))\wedge(G(x)\to F(x)))\to(\forall x)G(x)\to(\forall x)F(x))$。

【证明】

1° $\vdash(\forall x)((F(x)\to G(x))\wedge(G(x)\to F(x)))\to((\forall x)F(x)\to G(x))\wedge(\forall x)(G(x)\to F(x))$；

2° $\vdash(\forall x)((F(x)\to G(x))\wedge(G(x)\to F(x)))\to(\forall x)(F(x)\to G(x))$;

3° $\vdash(\forall x)(F(x)\to G(x))\to(\forall x)F(x)\to G(x)$;

4° $\vdash(\forall x)((F(x)\to G(x))\wedge(G(x)\to F(x)))\to((\forall x)(F(x)\to(\forall x)G(x))$;

5° $\vdash(\forall x)((F(x)\to G(x))\wedge(G(x)\to F(x)))\to((\forall x)G(x)\to(\forall x)F(x))$;

6° $\vdash(\forall x)(F(x)\leftrightarrow G(x))\to((\forall x)(F(x)\to(\forall x)G(x))$。

公式1°是运用定理3即量词对于合取号的分配规则;公式2°是运用定理4即量词对于蕴涵号的分配规则。等值号由蕴涵和合取表达，所以借助定理3和4可证定理5。这一点也表明形式系统中的定理生成过程是有序的。

【定理6】 $\vdash(\forall x)F(x)\vee(\forall x)G(x)\to(\forall x)(F(x)\vee G(x))$。

【证明】

1° $\vdash(\forall x)F(x)\to F(y)$;

2° $\vdash(\forall x)G(x)\to G(y)$;

3° $\vdash(\forall x)F(x)\vee(\forall x)G(x)\to F(y)\vee G(y)$;

4° $\vdash(\forall x)F(x)\vee(\forall x)G(x)\to(\forall x)(F(x)\vee G(x))$。

定理4、5和6的逆命题不成立。

【定理7】 $\vdash(\exists x)F(x)\leftrightarrow\neg(\forall x)\neg F(x)$。

【证明】

1° $\vdash(\forall x)F(x)\to F(y)$;

2° $\vdash(\forall x)\neg F(x)\to\neg F(y)$;

3° $\vdash\neg\neg F(y)\to\neg(\forall x)\neg F(x)$;

4° $\vdash F(y)\to\neg(\forall x)\neg F(x)$;

5° $\vdash(\exists y)F(y)\to\neg(\forall x)\neg F(x)$。

再证右到左的蕴涵:

6° $\vdash F(y) \to \neg(\exists x)F(x)$；

7° $\vdash \neg(\exists x)F(x) \to \neg F(y)$；

8° $\vdash \neg(\exists x)F(x) \to (\forall y)\neg F(y)$；

9° $\vdash \neg(\forall x)\neg F(x) \to \neg\neg(\exists x)F(x)$；

10° $\vdash \neg(\forall x)\neg F(x) \to (\exists x)F(x)$。

公式 2°由公式 1°作代入而得，正是以 $\neg F(\Delta)$ 代换 $F(\Delta)$，本定理才获证。公式 5°中第一次运用了前件存在规则，其合理性是公式 4°的后件与前件中个体变元 y 无关。

【定理 8】　$\vdash(\exists x)\neg F(x) \leftrightarrow \neg(x)F(x)$。

【证明】

1° $\vdash(\exists x)F(x) \leftrightarrow \neg(\forall x)\neg F(x)$；

2° $\vdash(\exists x)\neg F(x) \leftrightarrow \neg(\forall x)\neg\neg F(x)$；

3° $\vdash(\exists x)\neg F(x) \leftrightarrow \neg(\forall x)F(x)$。

【定理 9】　$\vdash \neg(\exists x)\neg F(x) \leftrightarrow (\forall x)F(x)$。

【定理 10】　$\vdash \neg(\exists x)F(x) \leftrightarrow (\forall x)\neg F(x)$。

将定理 8 和 7 分别两边否定，得上述定理 9 和 10 的形式。定理 7、8、9 和 10 表明，本系统中存在量词与全称量词可以互相转化。

【定理 11】　$\vdash(\forall x)(F(x) \to G(x)) \to \neg(\exists x)F(x) \to (\exists x)G(x))$。

【证明】

1° $\vdash(\forall x)((F(x) \to G(x)) \to (\neg G(x) \to \neg F(x)))$；

2° $\vdash(\forall x)(F(x) \to G(x)) \to (\forall x)(\neg G(x) \to \neg F(x))$；

3° $\vdash(\forall x)(F(x) \to G(x)) \to ((\forall x)\neg G(x) \to (\forall x)\neg F(x))$；

4° $\vdash(\forall x)(F(x) \to G(x)) \to ((\exists x)F(x) \to (\exists x)G(x))$。

至此，我们已经获得了一些定理，对于获得定理的方法和技巧也有了初步了解。在相当一般的场合，证明过程大致有三个阶段：先消量词；进行命题演算；再添加量词。因此在谓词演算中，除了命题演算，其基本技巧便是消去量词和添加量词。量词系统中的“证明”“定理”和命题演算系统类似。

所谓证明，就是一个序列，序列中每一个公式或是公理，或是前面公式由变形规则而生成的。

所谓定理，就是关于公式A存在一个证明的序列，而最后一个公式恰是A。

当我们要指出A是一个定理，但又不必指出其证明序列时，则用如下记号表示：$\vdash A$。这个记号可以看成序列的缩写。

量词系统中的定理与形式化之前的逻辑推导规则迥然不同。由每个x是F，可推出某y是F，这是一条平凡的推导规则，但是这条规则在谓词演算中的对应物是：$(\forall x)F(x)\rightarrow F(y)$。

两者相比，一个是由假设到结论的规则；另一个则是没有前提的表达式。后者不适合于应用，也不便于在谓词演算中发展数学。为了克服这个困难，有必要在谓词演算的基础上建立推演概念和推演公式。推演这个概念，在命题演算中已经定义，只是现在的假设前提中可能出现量词公式。根据推演定义，可以建立下列推演公式。

【例 7.2.1】 $A(x)\vdash(\forall x)A(x)$。

【推演】

1° $P\vee\neg P$　　　　（定理）；

2° $A(x)$；

3° $A(x)\rightarrow(P\vee\neg P\rightarrow A(x))$；

4° $P\vee\neg P\rightarrow A(x)$；

5° $P\vee\neg P\rightarrow(\forall x)A(x)$；

6° $(\forall x)A(x)$。

公式1°是关键，选择一个与x无关的定理$P\vee\neg P$，据此由公式4°得到公式5°。这个序列中公式2°是假设，它不是公理，也不是前面公式按变形规则所生成的公式，因此1°至6°不是关于$(\forall x)A(x)$的证明，而是由$A(x)$到$(\forall x)A(x)$的推演。它表示在谓词演算中如果增加

$A(x)$为公理,则可证明$(\forall x)A(x)$。

【例 7.2.2】 $(\forall x)A(x) \vdash A(y)$。

【推演】

1° $(\forall x)A(x)$;

2° $(\forall x)A(x) \to A(y)$;

3° $A(y)$。

【例 7.2.3】 $A(y) \vdash (\exists x)A(x)$。

【推演】

1° $A(y)$;

2° $A(y) \to (\exists x)A(x)$;

3° $(\exists x)A(x)$。

【例 7.2.4】 若$\Gamma, A(x) \vdash C$; C与x无关;则$\Gamma, (\exists x)A(x) \vdash C$。

这个推演结构比较复杂,它由假设推演和结果推演两部分组成。其涵义为:如果存在一个从Γ和$A(x)$到C的推演,那么存在一个从Γ和$(\exists x)A(x)$到C的推演。为了完成这个证明,暂且先使用下面的演绎定理:若$\Gamma, A \vdash B$(对于A而言,自由变元保持不变);则$\Gamma \vdash A \to B$。

【证明】

1° $\Gamma, A(x) \vdash C$;

2° $\Gamma \vdash A(x) \to C$(演绎定理);

3° $A(x) \to C \vdash (\exists x)A(x) \to C$;

4° $\Gamma \vdash (\exists x)A(x) \to C$;

5° $(\exists x)A(x), (\exists x)A(x) \to C \vdash C$;

6° $\Gamma, (\exists x)A(x) \vdash C$。

序列1°至6°并不是由Γ和$(\exists x)A(x)$到C的推演,它是这个推演必定存在的证明序列。1°为假设,2°是对1°运用"演绎定理"的结果。3°是由变形规则而得的,限制条件为A中的X与C无关。由谓词演算中的分离规则,可得5°,最后由推演的传递性,根据4°、5°可得6°。这个结果表示：在谓词演算系统中，只要存在 Γ 和 $A(x)$ 到 C 的推演，则存在 Γ 和 $(\exists x)A(x)$ 到 C 的推演。

现在来证明谓词演算中的演绎定理。这个定理在命题演算中已经获证，但是现在的情况更为复杂。

【命题 15】（**演绎定理**）　试证：若 $\Gamma, A \vdash B$；则 $\Gamma \vdash A \to B$。

【证明】　用归纳法并施归纳于由 Γ 和 A 推演出 B 的长度 l。

基始：试证 $l=1$ 时，命题成立。

由 Γ 和 A 到 B 的推演序列长度 $l=1$ 时，有以下三种情况：i) B 是 Γ 中的公式；ii) B 就是 A； iii) B 是公理。这三种情况在命题演算中均已获证。

推步：试证若 $l \leqslant k$ 时命题成立，则 $l=k+1$ 时命题成立。这时由 Γ 和 A 到 B 的推演序列中，关于 B 的情况有以下六种：

i) B 是 Γ 中的公式；

ii) B 就是 A；

iii) B 是公理；

iv) B 是 $C \to B$ 和 C 分离的结果；

v) B 是 $C \to B(x)$ 经后件概括而得，即 B 为 $C \to (\forall x)B(x)$；

vi) B 是 $B(x) \to C$ 是经前件存在而得，即 B 为 $(\exists x)B(x) \to C$。

关于情况 v)的证明如下：

1° 由假设，必存在 $l \leqslant k$，以及 C 和 $B(x)$，使得：$\Gamma, A \vdash C \to B(x)$（序列长度 $l \leqslant k$，C 与 X 无关）；

2° 按归纳假设，$l \leqslant k$ 时命题成立，即：$\Gamma \vdash A \to (C \to B(x))$；

3° 根据条件合取规则得：$\Gamma \vdash (A \wedge C) \to B(x)$；

4° 由 A 和 C 中都不出现自由变元 x，得：$\Gamma \vdash A \wedge C \to (\forall x)B(x)$；

5° 由命题演算得：$\Gamma \vdash A \to \wedge C \to (\forall x)B(x))$。

关于情况 vi)的证明如下：

1° 由假设，必存在 $l(l \leqslant k)$ 以及 $B(x)$ 和 C，使得：$\Gamma, A \vdash B(x) \to$

C(序列长度 $l \leqslant k$，C 与 X 无关)；

2° 按归纳假设，$l \leqslant k$ 时命题成立，即：$\Gamma \vdash A \rightarrow (B(x) \rightarrow C)$；

3° $\Gamma \vdash A \land B(x) \rightarrow C$；

4° 由条件 A 中无自由变元 x，根据前件存在规则得：$\Gamma \vdash (\exists x) \cdot (A \land B(x)) \rightarrow C$；

5° $\Gamma \vdash A \land (\exists x)B(x) \rightarrow C$；

6° $\Gamma \vdash A \rightarrow ((\exists x)B(x) \rightarrow C)$。

命题 15 是关于谓词演算的元定理，它指明：如果在本系统中存在 Γ 和 A 到 B 的推演，则存在 Γ 到 $A \rightarrow B$ 的推演。因此，上面的证明属于元逻辑性质。证明中除了用到本系统的性质(公理、变形规则)外，只用到数学归纳法。这个定理成立的条件是十分重要的。如果最后假设公式 A 中一切自由变元保持不变这一条件不满足，则演绎定理不成立。

【例 7.2.5】 证明下面的推演公式成立，且相应的演绎定理的结论推演公式成立。

试证：$(\forall x)(F(x) \land G(x)) \vdash (\forall x)F(x)$。

【证明】

1° $(\forall x)(F(x) \land G(x)) \rightarrow F(y) \land G(y)$；

2° $(\forall x)(F(x) \land G(x))$；

3° $F(y) \land G(y) \rightarrow F(y)$；

4° $(\forall x)(F(x) \land G(x)) \rightarrow F(y)$；

5° $(\forall x)(F(x) \land G(x)) \rightarrow (\forall x)F(x)$；

6° $(\forall x)F(x)$。

在这个推演中，$(\forall x)(F(x) \land G(x))$ 相当于演绎定理中的 A，由于它里面没有自由变元，“一切自由变元保持不变”这一条件成立，故演绎定理的结论推演成立，即：

$\vdash (\forall x)(F(x) \land G(x)) \rightarrow (\forall x)F(x)$。

可以证明,在谓词演算中,上述公式确实可证。

【例 7.2.6】 证明下面的推演公式成立,但相应的演绎定理的结论推演公式不成立。试证:$A(x) \vdash (\forall x)A(x)$。

【证明】

1° $A(x) \to (C \to A(x))$;C 为不含 x 自由变元的公理;

2° $A(x)$;

3° $C \to A(x)$;

4° $C \to (\forall x)A(x)$;

5° $(\forall x)A(x)$。

这里假设公式 $A(x)$ 相当于演绎定理中的 A,由于在推演中对 $A(x)$ 施行了后件概括规则,$A(x)$ 中变元 x 由自由变元变为约束变元,"A 中一切自由变元保持不变"这一条件不成立,故虽然演绎定理的假设推演成立,但其结论推演不成立。下面序列 1°—5°是一个错误证明,其中公式 3°, 4°, 5°不成立。

1° $\vdash A(x) \to (C \to A(x))$;$C$ 为不含 x 的公理;

2° $\vdash (A(x) \wedge C) \to A(x)$;

3° $\vdash (A(x) \wedge C) \to (\forall x)A(x)$;

4° $\vdash C \to (A(x) \to (\forall x)A(x))$;

5° $\vdash A(x) \to (\forall x)A(x)$。

这是因为,C 与 x 无关,但 $A(x)$ 与 x 有关,即 $(A(x) \wedge C)$ 与 x 有关,故不能使用后件概括规则。从中可以看出,演绎定理中限制条件"A 中一切自由变元不变"的直观涵义是,在推演过程中没有对 A 中的自由变元施行后件概括和前件存在规则。

例 7.2.1 至例 7.2.4 是谓词演算的导出规则,它比谓词演算中的定理更靠近日常推理,由此产生一个新问题:例 7.2.1 至例 7.2.4 的推理能力究竟有多大? 可以证明:这四条加上演绎定理恰好与两条量词公理和两条变形规则能力相当。

下面假定例 7.2.1 至例 7.2.4 及演绎定理，证明由此可推出两条量词公理和两条变形规则。

(1) 试证：$\vdash (\forall x)F(x) \rightarrow F(y)$。

【证明】

1° $(\forall x)F(x) \vdash F(y)$；

2° $\vdash (\forall x)F(x) \rightarrow F(y)$。

(2) 试证：$\vdash F(y) \rightarrow (\exists x)F(x)$。

【证明】

1° $F(y) \vdash (\exists x)F(x)$；

2° $\vdash F(y) \rightarrow (\exists x)F(x)$。

(3) 试证：若 $\vdash C \rightarrow A(x)$，$C$ 与 x 无关，则 $\vdash C \rightarrow (\forall x)A(x)$。

【证明】

1° $C \vdash C$（命题演算）；

2° $\vdash C \rightarrow A(x)$（假设）；

3° $C \vdash C$ ，$C \rightarrow A(x)$（命题演算）；

4° $C \vdash A(x)$（x 在 C 中不出现）；

5° $A(x) \vdash (\forall x)A(x)$（例 7.2.1）；

6° $C \vdash (\forall x)A(x)$（命题演算）；

7° $\vdash C \rightarrow (\forall x)A(x)$（演绎定理）；

(4) 试证：若 $\vdash A(x) \rightarrow C$，$C$ 与 x 无关；则 $\vdash (\exists x)A(x) \rightarrow C$。

【证明】

1° $\vdash A(x) \rightarrow C$（假设）；

2° $A(x) \vdash A(x) \rightarrow C$；

3° $A(x) \vdash A(x)$；

4° $A(x) \vdash C$（C 与 x 无关）；

5° $(\exists x)A(x) \vdash C$（例 7.2.4）；

6° $\vdash (\exists x)A(x) \rightarrow C$。

上述四个证明表明，由例 7.2.1 至例 7.2.4，演绎定理和命题演算的相应规则所组成的系统与谓词演算系统是等价的。一切在谓词演算中成立的可证公式和推演公式在新系统中成立；一切在新系统中成立的可证公式和推演公式在新系统中成立；一切在新系统中成立的可证公式和推演公式在谓词演算中成立。但这一点不应产生如下误解：新系统中推演公式与谓词演算中可证公式一一对应。在命题演算中，推演公式与可证定理是一一对应的，但是在谓词演算中，两者并非一一对应。例如 $A(x)\vdash(\forall x)A(x)$ 成立，但 $\vdash A(x)\rightarrow(\forall x)A(x)$ 并不成立。由于数学理论公理化以后并不存在自由变元，所以，就这个理论而言，一切推演公式都有相应的可证公式。

下面，我们举出一些例子来说明例 7.2.1 至例 7.2.4 的应用。

【例 7.2.7】 试证下面推理有效：

所有哺乳动物是动物，有的哺乳动物是有两条腿的，因而有的动物是有两条腿的。

符号化为：$(\forall x)(M(x)\rightarrow S(x))$，$(\exists x)(M(x)\rightarrow P(x))\vdash(\exists x)(S(x)\wedge P(x))$。

【证明】

1° $(\exists x)(M(x)\wedge P(x))$

2° $(\forall x)(M(x)\rightarrow S(x))$

3° $M(a)\wedge P(a)$

4° $M(a)\rightarrow S(a)$

5° $S(a)\wedge P(a)$

6° $(\exists x)(S(x)\wedge P(x))$

7° $(\exists x)(S(x)\wedge P(x))$

1°至 3°是首尾相接的三个假设。其中 1°和 2°是题设。3°是额外假设，它有待解除。

对 2°运用全称消去(例 7.2.2)得 4°，对 5°运用存在引入(例 7.2.3)得

6°，对 2°、3°和 6°运用存在消去(例 5.4)得 7°，7°不写在 3°之下，而写在 1°和 2°之下，这表示已将 3°消去。其合理性在于公式 3°中的个体“a”不出现在公式 6°中。这里，公式 $M(a)\wedge P(a)$相当于规则中的 $A(x)$，公式$(\exists x)(S(x)\wedge P(x))$相当于规则中的 C。

【例 7.2.8】 证实下面推理有效：

马是动物，所以马头是动物的头。

符号化为：

$(\forall x)(M(x)\rightarrow P(x))\vdash(\forall x)((\exists y)(M(y)\wedge H(x,y))\rightarrow(\exists u)(P(u)\wedge H(x,u)))$。

【证明】

1° $(\forall x)(M(x)\rightarrow P(x))$

2° $(\exists y)(M(y)\wedge H(a,y))$

3° $M(b)\wedge H(a,b)$

4° $M(b)\rightarrow P(b)$

5° $P(b)\wedge H(a,b)$

6° $(\exists u)(P(u)\wedge H(a,u))$

7° $(\exists u)(P(u)\wedge H(a,u))$

8° $(\exists y)(M(x)\wedge H(a,y))\rightarrow(\exists u)(P(u)\wedge H(x,u))$

9° $(\forall x)((\exists y)(M(y)\wedge H(x,y))\rightarrow(\exists u)(P(u)\wedge H(x,u)))$

1°至 3°是首尾相接的假设，由 1°运用全称消去得 4°，对 5°运用存在引入得 6°，对 2°、3°和 6°运用存在消去得 7°，对 7°运用演绎定理得 8°，对 8°运用全称引入得 9°。

在一般教材中，全称引用规则用辅助推演规则表达，其形式如下：

若，$\Gamma\vdash A(x)$，Γ 与 x 无关；则 $\Gamma\vdash(\forall x)A(x)$。

这种规则的优点是确保假设公式 Γ 中自由变元在推演中不变，以保证无条件运用演绎定理来消去假设。在日常思维和数学思维中，要求假设可以无条件消去，因而不把“由 y 是 F 到一切 y 是 F”这条规则看成正确推导。我们这里却承认 $A(x) \vdash (\forall x)A(x)$，为了纠正这个规则可能带来的错误，演绎定理便增加了限制性的条件。本例中，$(\exists u)(P(u) \wedge H(a, u)) \rightarrow (\exists y)(M(y) \wedge H(a, y))$ 中的 a 在前提 $(\forall x)(M(x) \rightarrow P(x))$ 中不出现，所以，不仅可增加量词，而且增添后可以消去前提。

【例 7.2.9】 试证下面推理有效：

有人认识所有名人，所以，所有名人有人认识。

符号化为：$(\exists x)(\forall y)(S(y) \rightarrow R(x, y)) \vdash (\forall y)((\exists x)(S(y) \rightarrow R(x, y))$。

【证明】 1° $(\exists x)(\forall y)(S(y) \rightarrow R(x, y))$

2° $(\forall y)(S(y) \rightarrow R(a, y))$

3° $S(b) \rightarrow R(a, b)$

4° $(\exists x)(S(b) \rightarrow R(x, b))$

5° $(\exists x)(S(b) \rightarrow R(x, b))$

6° $\forall(y)(\exists x)(S(y) \rightarrow R(x, y))$

最后两个推理是两个平凡的真理，但是如果没有数理逻辑的帮助，人们未必能解释这些平凡真理。不少人的心目中，一方面把“马头是动物头”与“马是动物”看成是性质相同的命题，另一方面又认为，按经验常识，由其中的一个可以推出另一个，这真是错上加错了。数理逻辑为这些平凡真理提供了正确的图像和解释，仔细推敲这些例子的符号化过程，将使人颇受教益。

第三节　谓词演算系统的一致性和完全性

我们在本章第一节中建立了谓词演算系统 K，在本章第二节中显示了 K 系统的演绎机制，由它确实可以生成无穷无尽的“可证公式”。但是这些可证公式与普遍有效的逻辑公式之间究竟有什么关系呢？为了解决这个问题，必须站到 K 系统之外，对 K 系统进行整体性的研究。

虽然研究的题目在命题演算中已经出现过，但是现在的情况更复杂，解决这些问题也更具困难。困难的根源来自个体对象的无穷性。在构造 K 系统时，只有一点是经验方面的假设，这就是个体域不空，个体对象可以是1，可以是有限数 l，可以是无穷。能否肯定，在任何情况下，K 系统的可证公式都是普效公式？能否肯定，任何普效公式都是 K 系统的可证公式？

上述第一个问题涉及 K 系统的一致性问题，即是否存在公式 A，A 和 $\neg A$ 都是本系统的可证公式？如果发现某公式 A，A 和 $\neg A$ 都在 K 中可证，则 K 是不一致的，同时也可断言 K 系统中的可证公式并非都是普效的，因为在可证公式 A 和 $\neg A$ 中，有一个不普效。如果要在未发现某 A 情况下证明“不存在”某 A，则需完成下列三件事：第一，发现 K 系统中公理具有某一种性质；第二，K 系统变形规则保持这种性质；第三，K 中任何公式 A，A 和 $\neg A$ 不能同时具有此种性质。只要完成了这三件事，则可以断言 K 系统关于此性质是一致的。

K 系统是形式系统，其中符号均是无意义的终极客体，根本不存在什么“性质”。所谓“性质”乃是对 K 系统的解释。这种解释方法是第六章的中心论题，在解决命题演算一致性时也已用过。当时曾对算子符号 $\neg$，$\vee$，$\rightarrow$ 作出真值表的解释，对命题演算中变元 π 作出1或0的解释。现在沿用这些解释，并且对新出现的谓词及带有量词公式作出解释。在考虑 K 系统一致性时，常可作出三种不同的解释，每一种解释都使 K 获得一种不同的性质，从而获得关于三种不同性质的一致性。

第一种解释，个体域为1。

在这种解释下，一切量词将被消去，一切谓词字母相同而个体变元不同的命题都被看成相同的命题，一切公式都退化为命题公式。例如，公式 $(\forall x)F(x) \vee P \rightarrow (\forall x)(F(x) \vee P)$ 将被解释成：$F(x) \vee P \rightarrow F(x) \vee P$，或者被解释成：$F(1) \vee P \rightarrow F(1) \vee P$。

可以证明，在此解释下，K 系统具有“永真”性质。

首先，六个公理具有永真性质，即永取“1”为值。

前四条公理在命题演算中以作验证，对于公理 5 和公理 6，现验证如下。

公理(5)为：$(\forall x)F(x)\rightarrow F(y)$。

它在新解释下具有形式：$F(x)\rightarrow F(y)$，或者 $F(1)\rightarrow F(1)$。根据真值表，最后公式的取值为 1。

公理(6)为：$F(y)\rightarrow(\exists x)F(x)$。

它在新解释下具有形式：$F(x)\rightarrow F(x)$，或者 $F(1)\rightarrow F(1)$。根据真值表，最后公式的取值为 1。

其次，各种变形规则保持永真性质。

命题变元代入规则保持永真性质。设原公式永真，现将此公式中变元 P 处处换以 A，结果原公式出现 P 处现在改出现 A，其余不变。公式在 A 为真时的取值相当于原公式在 P 为真时的取值，公式在 A 为假时的取值相当于原公式在 P 为假时的取值。原公式在 P 为真和为假时皆真，故结果公式永真。

谓词变元代入规则保持永真性质。这是因为在新解释下谓词已退化为命题，谓词变元代入规则相当于命题代入规则。

分离规则保持永真性质。当 $A\rightarrow B$ 和 A 永真时，B 必永真。如果 B 有取假值的记录，则 $A\rightarrow B$ 必有取假值的记录。

后件概括规则保持永真性质。设 $C\rightarrow F(x)$ 永真，则 $C\rightarrow(\forall x)F(x)$ 永真，这是因为在个体为 1 时，$C\rightarrow F(x)$ 和 $C\rightarrow(\forall x)F(x)$ 是同义的。

同理，前件存在规则也保持永真性质。

最后，K 系统中 A 和 $\neg A$ 不同时永真，若 A 永真，则 $\neg A$ 永假。

这就表明 K 系统中一切可证公式永真，并且 A 和 $\neg A$ 不同时永真。从而保证了 K 系统中不存在 A，A 和 $\neg A$ 都可证。

第二种解释，个体域中有两个对象：1 和 2。

在第二种解释下，谓词不是命题而是命题函项，其自变元表示个体，带有个体的谓词表示命题，命题取 1 或 0 为值。这种解释使谓词和量词有了真正意义。

个体对象明指后，定义在它上面的一元谓词、二元谓词总数都是确定的。其方法和总数如下：

个体	$F_1(x)$	$F_2(x)$	$F_3(x)$	$F_4(x)$
1	真	真	假	假
2	真	假	真	假

两元函数总数如下：

定义域	F_1^2	F_2^2	F_3^2	F_4^2	F_5^2	F_6^2	F_7^2	F_8^2	…	F_{16}^2
(1，1)	真	真	真	真	真	真	真	真		假
(1，2)	真	真	真	真	假	假	假	假		假
(2，1)	真	真	假	假	真	真	假	假		假
(2，2)	真	假	真	假	真	假	真	假		假

一般地，l 个域上的 n 元函项个数为 2^{l^n}。

对算子符号$(\forall x)$、$(\exists x)$，定义如下：

若 $F(x)$在域上都取真值，则$(\forall x)F(x)$为真；否则$(\forall x)F(x)$假；

若 $F(x)$在域上有真值，则$(\exists x)F(x)$为真，否则$(\exists x)F(x)$假。

例如$(\forall x)F_1(x)$在这种解释下为真；$(\forall x)F_2(x)$在这种解释下为假。

在这种解释下，一公式普效，当且仅当它对一切命题变元、一切个数变元、一切谓词变元都取真值。

考察下面两个公式的取值情况：

$(\forall x)F(x)\rightarrow F(y)\vee P$；　　　　$(\exists x)F(x)\rightarrow F(y)\vee P$。

为了计算上述两个公式的取值，我们列出表(一)和表(二)。

表(一)

a	F_1	F_2	F_3	F_4
1	1	1	0	0
2	1	0	1	0

表(二)

F	$F(y)$	P	$(\forall x)F(x)\rightarrow F(y)\vee P$	$(\exists x)F(x)\rightarrow F(y)\vee P$
F_1	$F_1(1)$	1	1	1
F_1	$F_1(1)$	0	1	1
F_1	$F_1(2)$	1	1	1
F_1	$F_1(2)$	0	1	1
F_2	$F_2(1)$	1	1	1
F_2	$F_2(1)$	0	1	1
F_2	$F_2(2)$	1	1	1
F_2	$F_2(2)$	0	1	0
F_3	$F_3(1)$	1	1	1
F_3	$F_3(1)$	0	1	0
F_3	$F_3(2)$	1	1	1
F_3	$F_3(2)$	0	1	1
F_4	$F_4(1)$	1	1	1
F_4	$F_4(1)$	0	1	1
F_4	$F_4(2)$	1	1	1
F_4	$F_4(2)$	0	1	1

由表(一)和表(二)计算得第一个公式普效。第二个公式不普效。进行这样的计算比较烦琐,但对于加强谓词赋值观念及某公式 K 普效的观念时有益的。

现在证明,在第二种解释下,K 系统也有永真性质。

首先,K 系统六条真理是永真的。

对于公理(5)和公理(6)验证如下。

公理(5)为:$(\forall x)F(x)\rightarrow F(y)$。

这里有两个变元:谓词变元和个体变元。对此可列表计算,也说明如下：

若公理(5)中的 $F(x)$ 为全真函项，则 $F(y)$ 的取值为真，从而公理(5)取值为真；若 $F(x)$ 表中有假值，则 $(\forall x)F(x)$ 取值为假，从而公理(5)取值为真；总之公理(5)永真。

公理(6)为 $F(y)\rightarrow(\exists x)F(x)$。

若公理(6)中 $F(x)$ 有真值，则 $(\exists x)F(x)$ 为真；若公理(6)中 $F(x)$ 没有真值，则 $F(y)$ 假；不论何种情况，公理(6)永真。

下面验证 K 系统各种变形规则保持永真性质。

代入规则保持永真。命题代入，谓词代入，个体变元代入在限制条件下，代入前公式与代入后结果公式同义，因而保持永真。

后件概括规则保持永真。设 $C\rightarrow F(x)$ 永真，x 不在 C 中出现。若 $F(x)$ 为全真涵项，$(\forall x)F(x)$ 取值为真，从而 $C\rightarrow(\forall x)F(x)$ 真；若 $F(x)$ 有假值(例如 F_1，F_2，F_3)，则 $(\forall x)F(x)$ 取值为假，但由于 $C\rightarrow(\forall x)F(x)$ 永真，C 中不出现 x，故 C 的取值相应为假，从而 $C\rightarrow(\forall x)F(x)$ 永真。

前件存在规则保持永真。设 $F(x)\rightarrow C$ 永真，x 不在 C 中出现。若其中 $F(x)$ 有真值，则相应的 C 取值为真，故公式 $(\exists x)F(x)\rightarrow C$ 取真值；若其中的 $F(x)$ 无真值，则 $(\exists x)F(x)$ 为假，故 $(\exists x)F(x)\rightarrow C$ 也取真值。

最后 A 与 $\neg A$ 不同时永真。这是算子符号 $\neg$ 所决定的。这就表明 K 系统是 2-普遍有效的。上面的证明的意义在于：对任一有限数 i，K 系统是 i-普效的。由于个体域为任一有限数 i 的证明方法与上述证明类似，下面不再重复证明。但是这并不意味着，对于任何个体域，K 系统都是普效的。一旦论域无穷，情况就发生根本的变化。在有穷论域中，n 元命题函项总是有穷的，每一个 n 元命题函项的取值记录也是有穷的。在无穷论域中，n 元命题函项总数无穷，每一个命题函项的取值记录也是无穷的。因此 K 系统虽对任一有限域是普效的，但未必对无限域都是普效的。希尔伯特举出如下公式 A，对任一有限数 i，它是 i-普效的，但在无限论域中不普效。这个公式可作如下说明。

设关系具有反自反，传递，无终止性质。这三个性质可分别用如下三个公式表示：

$$\neg(xRx)；若\ xRy,\ yRz，则\ xRz；$$

$$(\forall x)(\exists y)R(x,\ y)。$$

显然，对于任何 i，这个关系不能满足，因此它的否定将是真的。现在构造公式 A；

$$(\exists x)(xRx)\vee(\exists x)(\exists y)(\exists z)(xRy\wedge yRz\wedge$$
$$\neg(xRz))\vee(\exists x)(y)\neg(yRx)。$$

公式 A 虽然在任意有限域中普效，但在无限域中不普效，因为存在一种大于关系，它使得 A 不成立。

为了证明 K 系统在无穷域中也是普效的，现作第三种解释。

第三种解释，个体域无穷。

为了解释 K 系统，自然还要定义谓词和关系词。在这种解释下，可以证明下述命题 7.3.1。

【命题 7.3.1】 谓词演算系统 K 在无穷论域中是普效的。

【证明】 第一，所有公理是普效的。

公理(5)为：$(\forall x)F(x)\rightarrow F(y)$。

在公理(5)中，F 和 y 是自由变元，无论对它们作何种解释，按排中律，F 或是全真函项，或能取到假值；如果 F 全真，则 $F(x)$ 真，公理(5)为真；若是 F 可取假值，则 $(\forall x)F(x)$ 假，公理(5)为真；总之公理(5)永真。

公理(6)为：$F(y)\rightarrow(\exists x)F(x)$。

在公理(6)中有自由变元 F 和 y，不论对它们作何种解释，按排中律，或者 F 可取到真值，则 $(\exists x)F(x)$ 真，从 而公理(6)真；或者 F 取不到真值，则 $F(y)$ 为假，从而公理(6)为真；所以公理(6)永真。

第二，所有的变形规则保持永真。证明方法同前，从而本命题获证。

需要指出的是，证明系统 K 是 1-普效和 i-普效时，其证明方法是有穷的，本证明中，使用了无穷论域中的排中律，因而命题 7.3.1 不是元数学的，只有集合论性质。

命题 7.3.1 的证明中，使用了如下逻辑规则：如果 F 中有真值，那么 A 真；如果 F 中没有真值，那么 A 真；F 中有真值，或者 F 中没有真值；所以 A 真。

在有穷论域中，F 总数有限，F 取值记录可用有限表列出，因而可以通过能行的方法逐一检查出：或者 F 中有真值，或者 F 中没有真值。但是在无穷论域中，既无确定方法断言，任何 F 可取到真值；也无确定方法断言此 F 取不到真值。由于上述 A 永真这一结论建立在“无穷论域中排中律成立”的基础上，所以，它不为直觉主义所承认。

对系统 K 要研究的第二个问题是完备性问题，即如果 K 中公式在非空论域中普效，那么它可证。

这个问题首先由哥德尔于 1920 年解决，因而有哥德尔完备性定理之称。由于这个问题的重要和艰难，许多学者都为此留下足迹，有些则为新领域开辟了基地。其中有希尔伯特与阿克曼 1938 年和希尔伯特与贝尔奈斯于 1939 年的证明；有与模型论发展相联系的亨金 1949 年的证明；还有西欧娃与席考尔斯基 1950 年的证明，这个证明又与代数和拓扑相关。

出于经典方面的考虑，我们将介绍哥德尔的证明，下面是证明的要点和线索。

第一，前束范式和司寇伦范式。

所谓前束范式是指一公式中的量词都在最前方，其辖域至公式的末端。

根据下列形式定理，依一定次序置换，任一公式都有与其等值的前束范式。

$$\vdash P \vee (\forall x)F(x) \leftrightarrow (\forall x)(P \vee F(x))$$

$$\vdash P \vee (\exists x)F(x) \leftrightarrow (\exists x)(P \vee F(x))$$

$$\vdash P \wedge (\forall x)F(x) \leftrightarrow (\forall x)(P \wedge F(x))$$

$$\vdash P \wedge (\exists x)F(x) \leftrightarrow (\exists x)(P \wedge F(x))$$

$$\vdash P \rightarrow (\forall x)F(x) \leftrightarrow (\exists x)(P \wedge F(x))$$

$$\vdash P \rightarrow (\exists x)F(x) \leftrightarrow (\exists x)(P \rightarrow F(x))$$

$$\vdash (x)F(x) \rightarrow P \leftrightarrow (\exists x)(F(x) \rightarrow P)$$

$$\vdash (\exists x)F(x) \rightarrow P \leftrightarrow (\forall x)(F(x) \rightarrow P)$$

例如，$(\forall x)F(x) \rightarrow F(y)$和$F(y) \rightarrow (\exists x)F(x)$都不是前束范式，它们分别与下面两个前束范式等值。

$$(\exists x)F(x) \rightarrow F(y);(\forall x)(F(y) \rightarrow F(x))。$$

前束范式往往含有自由个体变元，进一步规范可得司寇伦范式。司寇伦范式并不保持等值关系，但保持互推关系。所谓司寇伦范式是指存在量词在前，全称量词在后且无自由变元的前束范式。求司寇伦范式的基本思想是，如果有全称量词出现在存在量词之前，则把这个全称量词改成存在量词。其中所用的主要形式定理及推导如下：

$$\vdash (\forall x)(F(x) \rightarrow G(x)) \rightarrow (\forall x)F(x) \rightarrow (\forall x)G(x)$$

$$\vdash (\forall x)F(x) \rightarrow ((\forall x)(F(x) \rightarrow G(x)) \rightarrow (\forall x)G(x)$$

$$\vdash (\forall y)F(y) \rightarrow ((\exists y)(F(y) \wedge \neg G(y)) \vee (\forall y)G(y)$$

借助最后定理，可求司寇伦范式。

如求$(\forall x)F(x) \rightarrow F(y)$的司寇伦范式；

前束范式：$(\exists x)F(x) \rightarrow F(y)$；

后件概括：$(\forall y)(\exists x)F(x)\rightarrow F(y)$；

将$(\forall y)$改为$(\exists y)$：

先把上式中$(\exists x)F(x)\rightarrow F(y)$看成$F(y)$，利用形式定理：

$(\forall y)F(y)\rightarrow((\exists y)(F(y)\wedge\neg G(y))\vee(\forall y)G(y)$可得：

$(\exists y)((\exists x)(F(x)\rightarrow F(y)\wedge\neg G(y))\vee(\forall y)G(y))$或者：

$(\exists y)(\exists x)(\forall z)(((F(x)\rightarrow F(y)\wedge\neg G(y))\vee G(z))$

最后一公式为司寇伦范式，它与原公式互推。

第二，完备性定理的内容及等价提法。

完备性定理的内容为，如果A普效，则A可证。这相当于A不普效或者A可证；也相当于$\neg A$可满足或者A可证。由于A的司寇伦范式A，是运用变形规则求得的，它们保持普效，保持互推，因而完备性定理可以叙述为：

或者$\neg A_0$可满足，或者A_0可证。

第三，设A_0为：

$(\exists x_1)\cdots(\exists x_k)(y_1)\cdots(y_i)B(x_1\cdots x_k;\ y_1\cdots y_i)$并构造$A_0$中$(k+i)$变元组如下：

先取无穷个体序列：

$$x_0,\ x_1,\ x_2\cdots x_k\cdots x_m\cdots$$

作k元组全体：

$$\{\langle x_0,\ \cdots x_0\rangle,\ \langle x_0,\ x_0\cdots x_1\rangle,\ \langle x_0,\ \cdots x_1,\ x_0\rangle\cdots$$
$$\langle x_{n1},\ x_{n2}\cdots x_{nk}\rangle\cdots\}$$

K元组有无穷可数多个，第一，以下标总和为序，下标总和相等时，按词典顺序排序，第n个k元组记为：

$$\langle x_{n1},\ x_{n2}\cdots x_{nk}\rangle。$$

K等于2时，k元组全体为：

$$\{\langle x_0, x_0\rangle, \langle x_0, x_1\rangle, \langle x_1, x_0\rangle, \langle x_0, x_2\rangle,$$
$$\langle x_1, x_1\rangle, \langle x_2, x_0\rangle\cdots\langle x_{n1}, x_{n2}\rangle\cdots\}$$

回到 k 元组,在第一个 k 元组后加 i 元组$(x_1, x_2\cdots x_i)$;在第二个 k 元组后加 i 元组$(x_{i+1}, x_{i+2}, \cdots x_{2i})$;在第 n 个 k 元组后加 i 元组$(x_{(n-1)i+1}, x_{(n-1)i+2}, \cdots x_{ni})$;

这样便可得无穷可数$(k+i)$元组全体。以 $k=2, i=2$ 为例,其全体排列如下:

$$\langle x_0, x_0, x_1, x_1\rangle, \langle x_0, x_0, x_1, x_4\rangle,$$
$$\langle x_1, x_0, x_5, x_6\rangle\cdots\langle x_{n1}, x_{n2}, x_{2n-1}, x_{2n}\rangle\cdots$$

由上可见:

i) 任一$(k+1)$元组中 i 元组变项异于 k 元组任一元素;

ii) $(k+1)$元组中 i 元组等距平移其中任一元素在前面没有出现过;

iii) 当 $n>1$, $(k+1)$元组中 k 元组每一元素在前面已出现过。

第二,以$(k+1)$元组为基础,构造与 A_0 相关的命题序列:

B_1: $B(x_0, x_0, \cdots x_0; x_1, x_2\cdots x_i)$;

B_2: $B(x_0, x_0, \cdots x_1; x_{i+1}, x_{i+2}\cdots x_{2i})$;

B_2: $B(x_0, x_0, \cdots x_1, x_0; x_{2i+1}, x_{2i+2}\cdots x_{3i})$;

B_n: $B(x_{n1}, x_{n2}, \cdots x_{nk}; x_{(n-1)i+1}, x_{(n-1)i+2}\cdots x_{ni})$;

…

B_n 无量词,可视作命题演算公式,不同的谓词或者不同的个体变元都看成不同的命题变元。构造 B_n 的想法是,用 A_0 的相关命题总体代替对 A_0 的研究。如果 A_0 可证,则存在一组 k 个体:$a_1, a_2\cdots a_k$,使得对于任一 i 个体:$b_1, b_2\cdots b_i$, $B(a_1, a_2\cdots a_k; b_1, b_2\cdots b_i)$为重言式,因而在 B_n 中将有一个或者几个重言式;如果 B_n 中没有重言式,则 A_0 不普效,或者 $\neg A_0$ 可满足。

第三，为了考虑$\neg A_0$的赋值，证明将对C_n进行。C_n为如下序列：

$$C_1 = B_1;\ C_2 = C_1 \vee B_1;\ \cdots C_n = C_{n-1} \vee B_n;\ \cdots$$

第四，试证：对任一n若$\vdash C_n$，则$\vdash A_n$。为此要证明：对一切n，$\vdash D_n \to A_0$，其中$D_n = (\forall x_0)(\forall x_1)\cdots(\forall x_{ni})C_n$。

基始：试证$\vdash D_1 \to A_0$。

证明$D_1 = (\forall x_0)(\forall x_1)\cdots(\forall x_i)C_1 = (\forall x_0)(\forall x_1)\cdots(\forall x_i)B_1 = (\forall x_0)(\forall x_1)\cdots(\forall x_i)B$，即$D_1 = (\forall x_0)(\forall x_1)\cdots(\forall x_i)B_1(x_0,\ x_0\cdots x_0;\ x_1,\ x_2,\ \cdots x_i)$

由$\vdash(\forall x)F(x) \to F(y)$，得：

$\vdash D_1 \to (\forall x_0)(\forall x_1)\cdots(\forall x_i)B_1(x_0,\ x_0\cdots x_0;\ x_1,\ x_2,\ \cdots x_i)$

由$\vdash F(y) \to (\exists x)F(x)$，得：

$\vdash D_1 \to (\exists x_0)(\exists x_1)\cdots(\exists x_i)B_1(x_0,\ x_0\cdots x_0;\ y_1,\ y_2,\ \cdots y_i)$

即$\vdash D_1 \to A_0$

推步：设$\vdash D_{n-1} \to A_0$，试证$\vdash D_n \to A_0$。

证明$D_n = (\forall x_0)(\forall x_1)\cdots(\forall x_{ni})C_n = (\forall x_0)(\forall x_1)\cdots(\forall x_{ni})(C_{n-1} \vee B_n)$，由于$x_{(n-1)i+1}$，$x_{(n-1)i+2}\cdots x_{ni}$等$i$个元素在$C_{n-1}$中不出现，所以有：$D_n = (\forall x_0)(\forall x_1)\cdots(\forall x_{(n-1)i})(C_{n-1} \vee (\forall x_{(n-1)i+1})$，$(\forall x_{(n-1)i+2})\cdots(\forall x_{ni})B_n)$，由于$\vdash(\forall x_{(n-1)i+1})$，$(\forall x_{(n-1)i+2})\cdots(\forall x_{ni})B(x_1,\ x_2\cdots x_n;\ x_{(n-1)i+1},\ \cdots x_{ni}) \to (\exists x_0)(\exists x_1)\cdots(\exists x_k)(\forall y_1)\cdots(\forall y_1)B(x_1,\ x_2\cdots x_k;\ y_1\cdots y_1)$

即$\vdash(\forall x_{(n-1)i+1})$，$(\forall x_{(n-1)i+2})\cdots(\forall x_{ni})B(x_1,\ x_2\cdots x_n;\ x_{(n-1)i+1},\ \cdots x_{ni}) \to A_0$，可得：

$$\vdash D_n \to (\forall x_0)(\forall x_1)\cdots(\forall x_{(n-1)i})(C_{n-1} \vee A_0)。$$

由于A_0中无变元，可得：

$$\vdash D_n \to (\forall x_0)(\forall x_1)\cdots(\forall x_{(n-1)i})C_{n-1} \vee A_0$$

由归纳假设 $\vdash D_{n-1} \to A_0$，故有：

$\vdash D_n \to A_0 \vee A_0$，即 $\vdash D_n \to A_0$。

根据归纳法，对一切 n，有 $\vdash D_n \to A_n$，这表明，对一切 n，若 $\vdash C_n$，则后件概括得 $\vdash D_n$，从而 $\vdash A_0$。

第五，若对任一 n，C_n 都不是重言式，C_n 不可证，则可证明 $\neg A_0$ 可满足。

证明　C_n 不是重言式，$\neg C_n$ 可满足。对每个 $\neg C_n$，存在一组赋值，使得 $\neg C_n$ 为真。用 $\varphi(A)$ 表示公式 A 在赋值法 φ 之下的取值，则 $\neg C_1$，$\neg C_2$，$\cdots \neg C_n$ 的赋值总体如下：

公式	满足这个公式的所有赋值方法		
$\neg C_1$	$\varphi_1^{(1)}$，$\varphi_2^{(1)}$，$\cdots\varphi_{s1}^{(1)}$	$\varphi_i^{(1)}(\neg C_1)=1$	(S_1)
$\neg C_2$	$\varphi_2^{(2)}$，$\varphi_2^{(2)}$，$\cdots\varphi_{s2}^{(2)}$	$\varphi_i^{(2)}(\neg C_2)=1$	(S_2)
	$\cdots$		
$\neg C_n$	$\varphi_1^{(n)}$，$\varphi_2^{(n)}$　$\cdots\varphi_{sn}^{(n)}$	$\varphi_{sn}^{(n)}(\neg C_n)=1$	(S_n)

由于 $\neg C_n = \neg C_{n-1} \wedge \neg B_n$，所以凡使 $\neg C_n$ 为真的赋值都使 $\neg C_{n-1}$ 为真。

虽然，对每一个 $\neg C_n$，存在一组赋值 $\varphi_1^{(1)}$，$\varphi_2^{(2)}\cdots\varphi_{sn}^{(n)}$，它们都使 $\neg C_n$ 的值为真，但是满足 $\neg C_n$ 的赋值与满足 $\neg C_n$ 的赋值未必相同，我们需要一个全能的赋值法。它使得 $\neg C_1$，$\neg C_2\cdots\neg C_n$ 的赋值都相同，构造全能赋值法的过程如下。

先确定 $\neg C_n$ 的赋值法，在 S_1 中，所有的赋值都使得 $\neg C_1$，S_2 的赋值都使得 $\neg C_2$ 为真，也使得 $\neg C_1$ 为真，因此，对于 $\neg C_1$ 而言，S_2 中对 $\neg C_1$ 里的命题变元赋值法必在 S_1 中，这种关系记为：

$$S_1 \supset S_2$$

同理，S_3 中对 $\neg C_1$ 里的命题变元赋值法必在 S_2 中，而 S_2 中的赋值法并非都能成为 S_3 的一个赋值法的部分，因此：

$$S_1 \supset S_2 \supset S_3 \cdots \supset S_n \supset \cdots$$

于是对$\neg C_1$而言,存在一种赋值法。它出现于S_n之中,我们选定它,并以它为基础,考虑$\neg C_2$的赋值法。设$\neg C_1$出现命题$P_1, P_2, \cdots P_j$,在$\neg C_2$中除此之外,还出现$P_{ji+1}, P_{ji+2}, \cdots P_{ji}$,按相同的理由,对它们必有一种赋值法存在与一切$S_n$之中,这样,在确定$\neg C_{n-1}$的赋值法之后,便可确定$\neg C_n$的赋值法。我们称这种赋值法为全能赋值法。

利用这种赋值法,为$\neg A_0$构造可满足解释。

取自然数为个体域,在其中定义各种谓词来解释$\neg A_0$,其方法如下:

对于$\neg A_0$中的命题变元,如果它在全能赋值法下解释为真,则构造$0=0$表达式来解释它;如果它在全能赋值法之下解释为假,则用$0\neq 0$表达式解释它。

对于$\neg A_0$中的谓词$S(x_{j1}, x_{j2}, \cdots x_{jm})$,如果它在全能赋值法解释之下为真,则使得$S(j_1, j_2, \cdots j_m)$为真;如果它在全能赋值法之下为假,则使得$S(j_1, j_2, \cdots j_m)$为假。

现在考虑每个B_n在这种解释下的取值。

由$\neg B_1(x_0, x_0 \cdots x_0, x_1, x_2 \cdots x_i)$在全能赋值之下为真,所以$\neg B_1(0, 0 \cdots 0; 0, 1, 2 \cdots i)$为真;

由$\neg B_1(x_1, x_2 \cdots x_i, x_{i+1}, x_{i+2} \cdots x_{2i})$为真;

一般地,由$\neg B_n(x_{n1}, x_{n2} \cdots x_{nk}; x_{(n-1)i+1}, \cdots x_{ni})$在全能赋值之下为真;所以

$\neg B_n(n_1, n_2 \cdots n_k; (n-1)_{i+1}, \cdots n_i)$为真;

这表明,公式B对任一k元组;$(n_1, n_2 \cdots n_k)$,都存在i元组,$((n-1)_{i+1}, \cdots n_i)$,它们使$\neg B$为真。即$\neg(\exists x_1)\cdots(\exists x_k)(\forall y_1)\cdots(\forall y_1)B(x_1, x_2 \cdots x_{nk}; y_1 \cdots y_i)$在数论中可满足,于是我们就证明了如下问题:

【命题 7.3.2】　一切有效命题在K系统中可证。

命题 7.3.2 的证明思路是，先将考察公式规范，使其存在量词在前，全称量词在后，司寇伦范式正是在这里起到了作用，规范后的公式 A，可以消去其量词，用一无穷序列来代替对公式 A 的讨论。由于 B_n 是相关命题序列，因而便把关于量词公式的讨论转变为对命题演算公式的讨论。讨论分两方面进行，一方面，B_n 中有重言式，由此可期望公式 A_0 可证；另一方面，B_n 中没有重言式，由此可期望 $\neg A_0$。但是由于出于构造全能赋值系的考虑，工作不是直接对 B_n 进行，而是对 C_n 进行。如果存在 n，C_n 为重言式，则 C_n 可证，则 A_0 可证。如果对一切 n，C_n 不是重言式，则 $\neg C_n$ 可满足，则存在一个全能赋值法使得一切 C_n 同时假，即一切 $\neg B_n$ 同时真；则 $\neg A_0$ 可满足。在整个证明中使用了无穷论域的排中律，在证明存在全能赋值系时使用了类似于区间套定理的方法。

命题 7.3.2 的正确涵义是，一个公式 A，如果它在所有的非空论域中有效，则 A 在 K 系统中可证。如果一个公式 B，它只在某论域中普效，则 B 未必可证。例如 $F(x)\rightarrow(\forall x)F(x)$，它在个体对象为 1 时普效，但在个体对象为 2 时不普效，因而这个公式在 K 中不可证。一般说来，一个公式 C，它在某一无穷论域中普效，并未验证在一切论域中普效，我们能否断言次公式 C 在 K 中可证呢？回答是肯定的，一个公式 C 若在自然数论域中普效，则它一定可证。这个推论是命题 7.3.2 的证明过程中显示的，而不是命题 7.3.2 本身的涵义。从证明中，我们知道，对任一公式 A_0，或者 A_0 可证，或者 $\neg A_0$ 在自然数论域上可满足。换言之，若 A_0 在自然数论域上普效，则 A_0 在 K 中可证公式在一切非空论域上普效，因而这个推论的意义在于：一公式 C，如果它在可数无穷域上普效，则它在一切无穷域上普效。

命题 7.3.1 的涵义是，如果公式 A 在 K 中可证，则 A 在一切非空论域上普效，即是 K 系统具有 1 普效性、i 普效性，以及具有一切非空论域上的普效性，每一种普效性将导致该性质下的一致性。但是对与 i

普效性($i\geqslant 1$)而言,K 系统不具有完备性,只有对于无穷论域的普效性而言,K 系统才具有一致性和完备性。仅仅要求一形式系统的一致性,这并不困难,只要定理足够少,特别是当系统可证定理多到不一致时,此系统必然完备。如果要求一形式系统对于某性质同时具有一致性和完备性,这就不多见了。命题演算是一例,谓词演算也可以是一例。正如我们已经指出的那样,在证明谓词演算系统具有这种性质时,使用了无穷论域中的排中律,因而其方法不是能行的。从某种意义上来看,这种证明是使用排中律来证明排中律在内的系统具有某性质,因而它不甚合理。

第八章
哥德尔不完全性定理

本章介绍著名的哥德尔不完全性定理，这个定理如同一颗明亮的珍珠，悬挂在大厅中央，象征着一项伟大工程的完成和最高成就。哥德尔不完全性定理问世于 20 世纪 30 年代。在这之前，算术和集合论已经完全形式化，用少数符号、少量形式规则能够推出许多算术真理。人们猜测，所有的数学真理都能按照这种方式一个接一个的推导出来。但是，数学高深莫测，而形式规则简单机械；数学真理层出不穷，而形式符号屈指可数。简单机械的规则真能复制深奥莫测的数学思维吗？少数符号果能把握一切数学真理吗？希尔伯特把人们的默认和猜测提到了科学高度，向时代提出了两项任务。第一，证明形式化以后的数学系统是一致的，即一切系统之内的定理是真实的；第二，证明形式化以后的数学系统是完全的，即一切数学真理都可以是这个形式系统的定理。这就是闻名世界的希尔伯特纲领。然而，哥德尔不完全性定理说明了乐观的希尔伯特纲领不能实现。这个定理指出：在形式化的数论系统中，存在一闭公式 A，A 和 $\neg A$ 均不可证。但 A 和 $\neg A$ 在未形式化的数论中必有一真。这表明，存在一真实的数学命题，它在系统内不可证。于是，人们在这个最明亮的珍珠上看到几个醒目字样，我是不完全的。

第一节　形式化的算术理论

对算术理论实施形式化方案有两方面的有利条件。第一是语言方面的，只要在谓词演算系统中增加适当符号，所有算术命题都能得到描述。这些新增加的符号是：

两元谓词符号：=（等于）

运算符号：+（加）·（乘）′（后继）

常项符号：$0, 0', 0'', 0'''\cdots$

为了书写简便，常把 $0'$ 写成 0^1，把 $0''$ 写成 $0^2\cdots$

现在可以对算术命题形式化。

【例 8.1.1】　对下面几个命题形式化；

(a) 4 是偶数。

(b) 2 不是平方数。

(c) 7 是素数。

(d) 91 是两个立方数之和。

可将他们形式化如下。

(a) $(\exists x)(0^{(2)}\cdot x=0^{(4)})$

意为，存在一个自然数，它乘以 2 等于 4。表达式中 $0^{(2)}$ 和 $0^{(4)}$ 分别是 $0''$ 和 $0''''$ 的缩写，因此在表达式中并不出现自然数，仅仅有 $0, 0'$, $0''$ 等。

(b) $\neg(\exists x)(x\cdot x=0^{(2)})$

意为，不存在自然数 x，它自乘等于 2。

(c) $\neg(\exists x_1)(\exists x_2)(x_{1''}\cdot x_{2''}=7)$

意为，不存在自然数 x_1, x_2, x_1 乘以 x_2 等于 7。表达式中使用 $x_{1'''}$ 和 $x_{2''}$，而不直接使用 x_1, x_2，是为了保证 x_1, x_2 均大于 1。

(d) $(\exists x_1)(\exists x_2)(x_1\cdot x_1\cdot x_1+x_2\cdot x_2\cdot x_2\cdot =91)$

意为，存在两个自然数 x_1, x_2，它们自乘三次之和等于 91。

对算术理论实施形式化方案的第二个有利条件是皮亚诺五条公理。皮亚诺把整个算术理论集中到五条公理当中,这是一个重大历史功绩,也为算术理论形式化奠定了基础。这五条公理在第五章已经出现过,它们是:

(a) 0 是自然数。

(b) 任意自然数的后继是自然数。

(c) 0 不是任何数的后继数。

(d) 不同的自然数有不同的后继。

(e) 对于任一性质,若 0 有此性质,又若 n 有此性质,则 n 的后继有此性质,那么一切自然数有此性质。

将这几条公理命题形式化并做适当补充之后,便形成了形式系统的特有公理。它们是:

(7) $(A(0) \wedge (\forall x)(A(x) \rightarrow A(x'))) \rightarrow A(x)$

(8) $x_{1'} = x_{2'} \rightarrow x_1 = x_2$

(9) $\neg (x' = 0)$

(10) $x_1 = x_2 \rightarrow (x_1 = y \rightarrow x_2 = y)$

(11) $x_1 = x_2 \rightarrow (x_{1'} = x_{2'})$

(12) $x + 0 = 0$

(13) $x_1 \cdot x_{2'} = x_1 \cdot x_2 + x_1$

由上可知(9)是(c)的对应命题;(8)是(d)的对应命题;(7)是(e)的对应命题;(12)刻画了“+”算子;(13)刻画了“·”算子;(11)刻画了“′”算子的唯一性。(7)至(13)中找不到(a)跟(b)的对应物,这是因为,0 和后继被作为基本符号引入进来了。

仅仅有第七章的公理(1)至(6),我们永远走不出逻辑定律的圈子,如果将特有公理(7)至(13)加入到逻辑公理(1)至(6),我们就能推出一个又一个数学命题。

【例 8.1.2】 试证 $a = a$(a 为形式数论中的个体变元)

【证明】

1° $(x+0=x)\rightarrow(x+0=x\rightarrow x=x)$

2° $(x+0=x)$

3° $(x+0=x)\rightarrow x=x$

4° $x=x$

这里，我们借入了代入规则，要严格证明这条导出规则，还得做这些工作，但这是可以办到的。

【例 8.1.3】 试证 $a=b\rightarrow b=a$

【证明】

1° $a=b\rightarrow(a=a\rightarrow b=a)$

2° $a=a\rightarrow(a=b\rightarrow b=a)$

3° $a=a$

4° $a=b\rightarrow b=a$　　　　　　（分离）

【例 8.1.4】 试证 $a=b\rightarrow(b=c\rightarrow a=c)$。

【证明】

1° $a=b$

2° $b=c$

3° $b=a$

4° $a=c$

5° $b=c\rightarrow a=c$

6° $a=b\rightarrow(b=c\rightarrow a=c)$

例 8.1.4 采用了自然推理方法，它和形式公理方法是等价的。例 8.1.3 不是逻辑定理，在逻辑中不存在 $a=b\rightarrow b=a$ 这条定理，仅仅存在 $a=b\rightarrow a=b$，这表明我们确实把数学带进了这个扩充的形式系统中。其次，$a=b\rightarrow b=a$ 似乎是直觉的、不可分析的。但是上述证明的过程显示了这种“直觉”思维是可分析的，它依据 $a=a$ 及 $a=b\rightarrow(a=c\rightarrow b=c)$。实际思维过程未必如此，但是它毕竟表明用机械规则有可能将人们的“直觉思维”表达出来，是否一切思维都可如此形式化？这是哲学与数理逻辑关心的一个重要课题。

下面再证明更具数学意义的命题。

【例 8.1.5】 试证：$a=b\rightarrow(a+c=b+c)$。

先假设 $a=b$，用归纳法证明，对于任何 c，都有 $a+c=b+c$ 成立。

基始：试证 $a+0=b+0$。

【证明】

1° $a+0=a$；

2° $a=b$ （假设）

3° $b+0=b$ （12）

4° $a+0=b+0$ （例 8.1.4）

归纳推步：

假设 $a+c=b+c$；试证 $a+c'=b+c'$。

【证明】

1° $a+c'=(a+c)'$ （公理）

2° $(a+c)'=(b+c)'$ （公理）

3° $(b+c)'=b+c'$ （公理）

4° $a+c'=b+c'$ （例 8.1.4）

本例第一次使用了形式规则(7)，它相当于非形式化的归纳法。

前面已经得到了一些数学真理，只要将这个过程继续下去，就可以得到更多的数学真理，但是究竟可以得到多少？罗素在他的《数学原理》中，几乎把所有数学命题推导出来，并由此断言：数学即逻辑，逻辑是数学的第一阶段，数学是逻辑的第二阶段，两者是没有界限的。反对罗素观点的很多，只有哥德尔定理才从根本上解决了这一争论。

第二节　哥德尔不完全性定理的内容和思想

哥德尔不完全性定理和证明不但在科学上是严谨的，而且具有高度的技巧。我们将介绍其主要内容和思想，揭示其中的奥秘。

哥德尔定理和证明，用直观的、非正式的方式来叙述是很简明的。首先构造一个所谓哥德尔不可判定命题 A。

(1) A：A 不可证。

在自然语言中，“A”是一个命题，“A 不可证”是另一个不同的命题，而哥德尔命题的特点正在于将两者集于一身。为了证明上述 A 和 $\neg A$ 不可证，还得假设(2)。

(2) 任何假命题不可证。

这个假设表示形式系统是一致的。下面证明“A”不可证。

“A”不能为假。因为，如果“A”假，则“A 不可证”假，则 A 可证，于是有 A 假且 A 可证，这与(2)矛盾，因此“A”真。“A”是否可证？如果“A”可证，则“A 不可证”为假，即“A”假，这与“A”真矛盾。因此，“A”不可证。这就表示：A 真且 A 不可证。

再证 $\neg A$ 不可证。由于“A”真，故“$\neg A$”假，根据(2)，$\neg A$ 不可证。于是 A 和 $\neg A$ 均不可证。

哥德尔定理的严格证明就在于使命题 A 在形式系统中有合法地位；使上述直观证明形式化。所采用的基本技巧是哥德尔编码，把研究的问题数值化。为了加强“编码”这个观念，下面研究一个简单的例子。

这是一个 *MIU* 系统。

公理：*MI*。

规则：

(1) 如果一个串的最后一个符号为 I，则可以加上一个 U。

(2) 如果有 MX，那么可以再加 x，生成 Mxx。

(3) 如果串中出现连续 3 个 I，那么可以用 U 代替 III，而得一个新的串。

(4) 如果串中出现 uu，那么可以把 uu 删去。

现在要问：能否根据上述四条规则，从 MI 出发，生成 Mu？

由 MI 可生成 MIU 和 MII，再生成 $MIUIU$ 及 $MIII$、$MIIU$，由第二代再生第三代，代代相传，是否达早一天能生成 MU? 这个问题并非一望而知。但问题的解决往往取决于采用什么角度，能否找到合适的同构机制而定。如要生成 MU，则需先生成 $MIII$，即 I 个数是 3 的倍数。如果对生成公式中连续出现 I 的个数分类，则有如下三类。第一类：3 的倍数；第二类：3 倍余 1；第三类：3 倍余 2。于是所有生成公式和 0，1，2 三个数具有某种同构。另一方面，四条规则可以生成第二类公式，如 MI、$MIIII$，也可以生成第三类公式，如 MII，但不能生成第一类公式。规则 1 和规则不改变公式中 I 的个数，由 MI 不能生成 MII，规则 2 能使公式中 I 的个数加倍，如果原来公式中 I 的个数不是 3 的倍数，则新生公式也不具这个性质；规则 3 能使公式中 I 的个数减少 3，如果原公式中 I 的个数不是 3 的倍数，新公式也不具这个性质。因此，规则不能生成 $MIII$，即在公式集中不存在 Mu。

解决这个问题的关键是将形式系统中的问题归结为数论问题，使问题数值化。有一种方法可以使形式系统中的几乎所有问题都转化为数论问题，这就是哥德尔创造的编码法。这个方法的要点如下。

第一，将形式系统中的基本符号与数值一一对应。

符号：(　)　$'$　$\neg$　$\rightarrow$　(　)　x_k　a_k

数值：3　5　7　9　11　13　$7+8k$　$9+8k$，

符号：f_k^n　　　　　　　　A_k^n

数值：$11+8\times(2^n\times3^k)$　　　$13+8\times(2^n\times3^k)$

这种对应给出了一种单调函数，其定义域为形式系统中的基本符号，值域为自然数中的奇数。此函数记为 $g(\ \ )$。

第二，将形式系统中公式数值化。

设某公式由基本符号 u_1，u_2，…，u_k 毗连而成，则这个公式的哥德尔数为 $P_0^{g(u_1)}\cdot P_1^{g(u_2)}\cdot\cdots\cdot P_{k-1}^{g(u_k)}$。其中 $p_0=2$，p_j 为第 $j+1$ 个素数。

考虑 $f_1'(x_1)$的哥德尔数。

$$g(f_1(x_1)) = 2^{g(f)1} \cdot 3^{g(c)} \cdot 5^{g(\lambda_1)} \cdot 7^{g())}$$
$$= 2^{59} \cdot 3^{3} \cdot 5^{15} \cdot 7^{5}。$$

第三,将形式系统中的公式序列数值化。

设公式序列由公式 S_1, S_2, …, S_r,组成,其哥德尔数为:

$$2^{g(S_1)} \cdot 3^{g(S_2)} \cdot \cdots \cdot p_{r-1}^{g(S_r)}。$$

由此,形式数论系统中的符号、公式、序列都已数值化,其中基本符号的码数为奇数;公式的码数为 2 的奇次幂;公式序列的码数为 2 的偶次幂。

哥德尔编码的目的在于把关于形式系统的断定转变为关于自然数的断定。为了这一目的,还要定义一些谓词和关系词。

例如:$Wf(n)$成立,当且仅当 n 是系统中一公式的码数。

$Lax(n)$成立,当且仅当,n 是系统中逻辑公理的码数。

$Prax(n)$成立,当且仅当,n 是系统中特有公理的码数。

$Prf(n)$成立,当且仅当,n 是一个证明序列的码数。

$Pf(m, n)$成立,当且仅当,n 是一公式的码数,m 是关于这个公式的证明的码数。

有了这些新定义的谓词和关系词,就有可能实现上述转变。例如,要断定"序列 A_1, A_2, …, A_k 是 A 的一个证明",就是要断定这个序列的码数 m 和公式 A 的码数 n 是否存在 $Pf(m, n)$关系。在这里,要研究的是形式数论问题,而所用的手段也是数论理论,这就实现了数学研究数学的目的。数学的自我反省,这是哥德尔理论中一个重要思想。

下面的任务是把"A"和"A 不可证"这两个命题集于一身。现在还不能做到这一点,这是因为"A"是形式系统中的公式,而"A 不可证"即使在用数字和新谓词表达后也仍然是语义上的命题,两者不属同一层次。因此,下一步的任务必须使"A"和"A 不可证"同属语法层次。"可刻画”以及“递归”等概念正是在这里起着桥梁作用的。

“可刻画”这个概念，涉及了两个不同层次或者说两个系统之间的关系。在我们面前有两个系统，一个是未形式化的数论系统，其上增加了不少新谓词；另一个是形式化的数论系统。要解决的是未形式化的数论中的某一关系、谓词可否在形式数论中加以刻画的问题？以语义系统中“相等”关系为例，可以说明可刻画概念的涵义。

首先，对于语义系统中任意两个数 m 和 n，可以问：m 和 n 是否相等？而对于形式化系统中有相应问题：$0^{(m)}=0^{(n)}$ 是否可证？其中 m 和 $0^{(m)}$ 对应；n 和 $0^{(n)}$ 对应：“相等”和“$=$”对应。

其次，可以证明下面两点：第一，如果语义上 $m=n$ 成立，则在语法上 $0^{(m)}=0^{(n)}$ 可证；第二，如果语义上 $m=n$ 不成立，则在语法上 $0^{(m)}\neq 0^{(n)}$ 可证。

事实上，当 m 和 n 相等时，$0^{(m)}=0^{(n)}$ 可证(例 8.1.2)。当 m 和 n 不等时，设 $n=m+k$，则

1° $0^{(m)}=0^{(m+k)}\rightarrow 0^{(m-1)}=0^{(m+k-1)}$ (公理 8)

2° $0^{(m)}=0^{(m+k)}\rightarrow 0^{(0)}=0^{(k)}$ (重复应用)

3° $0^{(m)}=0^{(m+k)}\rightarrow 0^{(0)}=0^{(k-1)'}$ (例 8.1.2)

4° $\neg\ (0^{(0)}=0^{(k-1)'})\rightarrow\ \neg\ (0^{(m)}=0^{(m \mid k)})$

5° $\neg\ 0^{(m)}=0^{(n)}$。

由此可见，对于语义上的相等关系，在语法上存在一个包含两个自由变元的公式，如果在语义上有 $m=n$，则此公式可证；如果在语义上有 $m\neq n$，则此公式的否定可证。语义上相等关系在形式系统中可刻画。

可刻画概念不难理解，却不易判别。哥德尔证明了语义上的递归谓词和递归关系在形式数论中是可刻画的。而判别一个关系是否递归一般比判别一个关系是否可刻画要容易。递归函数类是由三个基本函数通过三个基本规则所组成的全体。这三个函数是零函数 $g(n)=0$，后继函数 $g(n)=n+1$，投影函数 $g_i^k(n_1, \cdots, n_k)=n_i$。而三个基本规

则是合成、递归和最小运算。据此可以证明前面所定义的那些谓词和关系都是递归的。

借助于可刻画和递归概念，可以把一部分新的元语言对应到形式数论中。现在离目的只有一步之差，也就是“算术奎因”。

所谓“算术奎因”相当于用一个句子代入该句子中的某一成分。例如“据我所知并不是一支歌”经过这种替代后变为“据我所知并不是一支‘据我所知并不是一支歌’”。同样，对形式系统中含有自由变元的公式，可以用一个公式的码数代入到这个公式的自由变元中，生成新的公式。

例如，$a=a$ 是形式系统中的公式，a 为自由变元，并设“$a=a$”公式的码数为 n，用 $0^{(n)}$ 代换自由变元 a，得 $0^{(n)}=0^{(n)}$，这个过程称为算术奎因。重复使用这种技巧，可将“A”和“A 不可证”集于一身。

让我们在语义系统中再定义一个新的谓词 $W(,)$：$W(m,\ n)$成立，当且仅当 m 是含有一个自由变元公式 $A(x_1)$ 的哥德尔码数，n 是 $A(0^{(m)})$的一个证明的哥德尔码数。要注意这里的算术奎因。$A(x_1)$是形式数论中的公式，x_1 是自由变元，公式的码数是确定的 m，然后用 $0^{(m)}$ 代换 $A(x_1)$中 x_1，得到 $A(0^{(m)})$，哥德尔证明了 $W(m,\ n)$是递归的，因而是可刻画的。即在形式系统中存在一个公式 $\mathcal{W}(x_1,\ x_2)$且

若 $W(m,\ n)$成立，则 $\vdash \mathcal{W}(0^{(m)},\ 0^{(n)})$；

若 $W(m,\ n)$不成立，则 $\vdash \neg \mathcal{W}(0^{(m)},\ 0^{(n)})$。

今考虑公式：$(\forall x_2)\neg \mathcal{W}(x_1,\ x_2)$。它是形式数论中的公式，其哥德尔码数为 p，经算术奎因得：$(\forall x_2)\neg \mathcal{W}(0^{(p)},\ x_2)$，将此公式记为 A_0，A_0 便是我们千辛万苦要寻找的公式。其涵义可以粗糙地解释如下。

$\mathcal{W}(0^{(m)},\ 0^{(n)})$意为：有一公式 $A(x_1)$，其码数为 m，经算术奎因得 $A(0^{(m)})$，而 n 是关于 $A(0^{(m)})$的一个证明的码数。简言之，m 的奎因，在 n 步得到证明。

$\neg\mathcal{W}(0^{(m)}, 0^{(n)})$意为：$m$(令$(x_1=0^{(m)})$)的奎因不可证。

进一步地，$\neg(\forall x_2)\neg\mathcal{W}(0^{(p)}, x_2)$意为：$p$ 的奎因不可证，注意到 p 就是公式$(\forall x_2)\neg\mathcal{W}(x_1, x_2)$的码数，"$p$ 的奎因"就是公式$(\forall x_2)\neg\mathcal{W}(0^{(p)}, x_2)$，因而式$(\forall x_2)\neg\mathcal{W}(0^{(p)}, x_2)$意为：我是不可证的。

对哥德尔命题构造过程做一个简单小结是有益的。

首先有未形式化的语义数论系统；对此形式化，得形式化语法系统；利用哥德尔编码法，把形式化系统数值化；接着又定义一些新的谓词、关系词，把对形式系统的断定转变为对数论的断定。这些断定属于语义层面，哥德尔依靠递归理论将此层面对应到形式化语法系统中。这里再一次产生同构，使形式语言实现了"自我反省"。最后哥德尔又利用编码和算术奎因把"A"和"A 不可证"这两个命题集于一身，构成命题 $\mathcal{A}(\forall x_2)\neg\mathcal{W}(0^{(p)}, x_2)$，其中 p 为公式 $\mathcal{A}(\forall x_2)\neg\mathcal{W}(0^{(p)}, x_2)$ 的码数。

第三节　哥德尔不完全性定理的证明

现在我们来完成不完全性定理的证明。

我们先简要说明何为形式语法系统的 ω-一致性。如果在一个形式系统中，不存在 $A(x_1)$，使得 $\vdash A(0^{(0)})$，$\vdash A(0^{(1)})$，$\vdash A(0^{(2)})$，…，$\vdash A(0^{(m)})$，…均成立，并且 $\vdash\neg(\forall x_1)A(x_1)$也成立，那么我们就称这个形式系统是 ω-一致的。

容易看出 ω-一致性强于一致性。令 $A(x_1)$是一公式，且对每个 n，$A(0^{(n)})$是一定理。例如，令 $A(x_1)$为 $x_1=x_1$，则对每个 n，都有：$\vdash 0^{(n)}=0^{(n)}$。从而$\neg(\forall x_1)(x_1=x_1)$不是定理，即存在不可证公式，因而是一致的。

【命题 8.3.1】（哥德尔不完全性定理）

在形式语法系统是 ω-一致的假设下，公式 $\mathcal{A}$ 不是形式语法系统的一条定理，它的否定也不是定理。因此，如果形式语法系统是 ω-一致的，则形式语法系统是不完全的。

【证明】

首先假设 $\mathcal{A}$ 是形式语法系统的一条定理，q 是 $\mathcal{A}$ 在形式语法系统中的一个证明的哥德尔数。如前，令 p 是 $(\forall x_2)\neg\mathcal{W}(x_1, x_2)$ 的哥德尔数。因此，$W(p, q)$ 成立。W 在形式语法系统中可由 $\mathcal{W}$ 表达，所以我们有

$$\vdash\mathcal{W}(0^{(p)}, 0^{(q)})。$$

但是 $\vdash\mathcal{A}$，即 $\vdash(\forall x_2)\neg\mathcal{W}(0^{(p)}, x_2)$，所以 $\vdash\neg\mathcal{W}(0^{(p)}, 0^{(q)})$。这与形式语法系统的一致性矛盾，所以 $\mathcal{A}$ 不可能是形式语法系统的一条定理。

$\mathcal{A}$ 不是形式语法系统的一条定理，就是说不存在 $\mathcal{A}$ 在形式语法系统中的证明，所以不存在 q，使得 q 在是形式语法系统中 $\mathcal{A}$ 的一个证明的哥德尔数，即 $(\forall x_2)\neg\mathcal{W}(0^{(p)}, x_2)$ 在形式语法系统中不可证。因此，$W(p, q)$ 对任意数 q 都不成立。所以

$$\vdash\neg\mathcal{W}(0^{(p)}, 0^{(q)})\text{对每个 } q$$

因此，根据 ω-一致性

$$\neg(\forall x_2)\neg\mathcal{W}(0^{(p)}, x_2)$$

不是形式语法系统的一条定理，即 $\neg\mathcal{A}$ 不是一条定理。

需要说明的是，我们曾经明确地叙述了 ω-一致性的假设，尽管，利用语义系统，关于形式语法系统的 ω-一致性有一明显的证明。但是，如前面所提及，利用模型的论证容易牵涉其他形式系统（常是关于其一致性）的假设，从而容易流于用未经证明的假设来论证问题。命题 8.3.1 也可以推广到其他形式系统，形式语法系统的扩充中，因此，在缺乏任何特殊信息的情况下确实必须作 ω-一致性的假设。

本章迄今为止已经概述了哥德尔不完全性定理的证明。我们在此力图使读者对所涉方法有某些感性的体会，并希望对它的意义作出某

种程度的说明。为此，现在让我们来考察某些推论和推广。

【命题 8.3.2】（假设形式语法系统是 ω-一致的）

形式语法系统含有一个闭公式，它在语义系统中为真但不是形式语法系统的定理。

【证明】

公式 $\mathcal{A}$ 是一闭公式。$\mathcal{A}$ 和 $\neg \mathcal{A}$ 都不是形式语法系统的定理。但是，或者 $\mathcal{A}$ 在语义系统中为真，或者 $\neg \mathcal{A}$ 在语义系统中为真。

事实上，这个命题中的假设还可以减弱。

【命题 8.3.3】（假设形式语法系统是一致的）

形式语法系统含有一个闭合式公式，它在语义系统中为真但不是形式语法系统的定理。

【证明】

命题 8.3.1 的证明必须作修改，它在较弱的假设下仍然成立，但公式 $\mathcal{A}$ 也必须修改。证明从略。

形式语法系统是不完全的。现在我们第一个想法可能是：我们能否使形式语法系统完全？也许我们为形式语法系统选择了一个不充分的公理集，也许我们把公式 $\mathcal{A}$ 增添为新公理后，这新系统可能是完全的。某些有关本章中涉及的程序的想法应已表明。增添 $\mathcal{A}$ 为新公理是无助的。令 $\mathcal{N}^+$ 表示由形式语法系统通过增添 $\mathcal{A}$ 为新公理之后所得的系统。公理组的这种变化并不影响结果，每个递归的关系是可表达的（虽然这可能影响逆命题）。虽然，关系 $Prax$ 和 Pf 的递归性以及其他一些用这些关系定义的项可能受到影响。但是补加单一的公理并不影响公理的哥德尔数的集合的递归性，因为任何一个单元集是递归的，并且两个递归集的并是递归的。关系 $Prax$ 仍是递归的，类似地 Pf 和另外一些关系，包括 W 也都可以看出是递归的，尽管它们的定义是参照 $\mathcal{N}^+$ 而不是参照形式语法系统的。因此，与对形式语法系统相同的展开可以实施，导致一个涉及不同的公式 $\mathcal{A}'$ 的不完全性定理。

沿此思路，通过更为一般的论证，我们得到了下面的命题。

【命题 8.3.4】

令 S 是形式语法系统的任何扩充，它使得 S 的特有公理的哥德尔数集是递归集。那么（在 S 是一致的假设下）S 是不完全的。

以上是对哥德尔不完全性定理的简要证明，接下来我们想通过如下图示再谈一谈我们对哥德尔不完全性定理的理解。

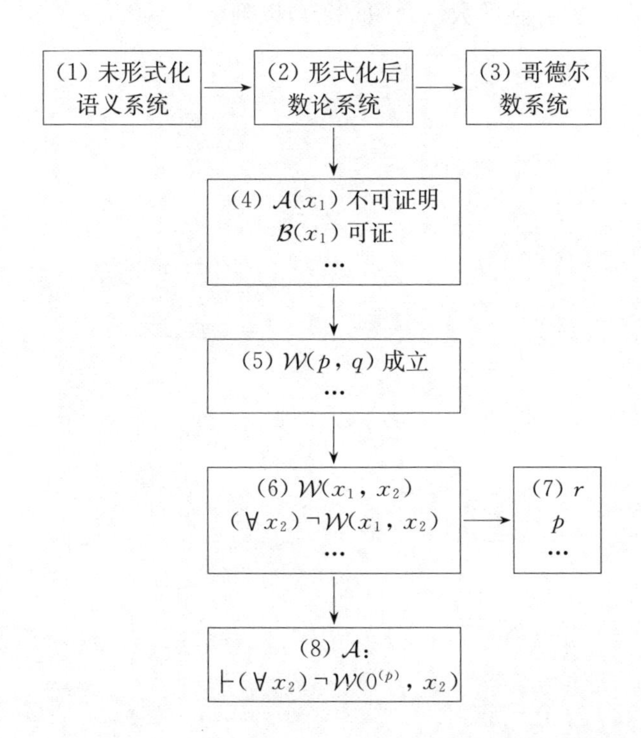

未形式化语义系统经过形式化，产生形式化数论系统，利用哥德尔编码法，再产生哥德尔数系统。其中(2)与(3)同构。对(2)进行判断，就产生(4)，(4)是元语言表达的语义层次，将它数值化，便得到元数论系统(5)，(5)中内容是对(2)的断定，这是它和(1)不同之处。哥德尔利用递归、可刻画手段，又将(5)对应到(6)，(6)是语法系统，其涵义是对(2)的断定，这就是形式系统的“自我反省”。同样，对于(6)再进行哥德

尔编码，又得新的哥德尔数系统。从中看到(5)、(6)和(7)与(1)、(2)和(3)平行，但属更高一层。

在(6)和(7)的基础上采用“算术奎因”得到(8)这一不可判定的 A_0 命题。上述分析清楚地表明，不可判定的命题并不是形式数论系统(2)中的，而是人为的；有一个真命题不可证，但这个真命题不是语义数论系统(1)中的，也是人为的。人们最关心的不是一切人为的话是否可以判定，而是已经存在的数学命题是否可以判定。

第九章
公理化方法和形式化方法

数理逻辑的首要任务是整理逻辑规律。要把这些没有顺序的无穷对象不多不少地汇集在一个整体之中，并不是轻而易举的事。只是由于采用了公理化方法和形式化方法，这一任务才得以实现。数理逻辑在完善自己的同时，也进一步完善了这些方法。当今，形式化方法已经作为方法论上最有价值的成果被应用于各个领域。本章要对公理化方法和形式化方法作出简要说明，为了完整，先介绍归约方法。

第一节　从归约法到公理化

人类首先使用的可能是归约方法而不是形式化方法。对经验科学进行一番巡礼和考察，就能把握归约法的基本程序。

一个引人注目的地方是实验科学中包含了三种不同级别的知识陈述。第一种是原始陈述记录。这些记录告诉我们某个时间、某个空间位置、某个状态下所发生的事情。例如浸在某液体中的铁片可以浮起来，而把这个铁片打成一个小球则下沉；在某时间某空间位置上，天空有一个亮点；a，b，c 三片白磷在 60 ℃会燃烧。但是这些学科之所以成为鼓舞人心的事业，绝不是原始记录的无穷堆积，而是因为可以用这些知识作为砖瓦来建筑科学大厦。人们必须努力发现知识间的联系，力图用一些假设来概括这些事实。这样就产生了第二种知识，即假设、定律、规律。例如：

所有浸在流体中的物体都受到一个支持力，这个力的大小等于该物体所排开流体的重量；

行星在椭圆轨道上绕太阳运动，而太阳位于椭圆的一个焦点上；

所有白磷在 60 ℃都会燃烧。

这些第二层次的知识或是使用了全称命题，或是使用了科学家们创造的不可观察的力、重量、椭圆等概念，因而组织了较为宽广的事实知识，并使其理论化。科学家并不就此止步，他们希望创造由一两个主定律就能解释一切有关现象的理论，于是第三种知识即理论得以产生。理论的产生标志着一门科学的成熟。牛顿用三大定律作为主定律组织了经典力学。解释了人体尺度以内的运动现象；爱因斯坦用另一些主定律组成了狭义相对论，解释了人体尺度以外的一类现象。科学家有一种永不停止的冲动，即是把理论普遍化，再普遍化，以至用一种统一的理论来解释人们所在的物理世界。这种冲动不能不受到制约，普遍化的定律必须受到新观察到的事实的证实或证伪。因此解释和证实是组织这类学科的两个主要步骤，两者的结合被称为归纳法。归纳法的逻辑基础可以说明如下。

假设有逻辑规律：如果 A，那么 B。对这条逻辑规律可以有两方面的应用：

(1) 如果 A，那么 B；A；所以 B。

(2) 如果 A，那么 B；B；所以 A。

(1)称为演绎规则；(2)称为归纳规则。演绎规则的结论由前提确保，归纳的结论不能由前提来确保，因而是不可靠的，正因为如此，归纳的结论必须通过“证实”这一过程来验证。

由 a，b，c 三片白磷在 60 ℃会燃烧(B)，推知所有白磷在 60 ℃都会燃烧(A)，这里应用规则(2)的结果。其过程如下：

如果所有白磷在 60 ℃都会燃烧(A)，那么 a，b，c 三片白磷在

60 ℃会燃烧(B)；

a，b，c 三片白磷在 60 ℃会燃烧(B)；

所以，所有白磷在 60 ℃都会燃烧(A)。

从心理过程来分析，由条件 B，推知结论 A，是在为 B 寻找“理由”或“解释”。这个解释未必成立，需要新事实来证实。证实过程如下：

如果所有白磷在 60 ℃都会燃烧(A)，那么 d 磷片在 60 ℃会燃烧(D)；

所有白磷在 60 ℃都会燃烧(A)；

所以，d 磷片在 60 ℃会燃烧(D)。

这里是在预测新命题，如果观察事实证明了 d 磷片在 60 ℃会燃烧，则前面的解释得到一次证实，如果观察事实否定了 d 磷片在 60 ℃会燃烧，则前面的解释被证伪。一切第二层知识都经历了解释和证实两个过程。用同样的方式可以说明怎样从第二层知识进到第三层知识。

由上可知，归约理论是一些命题，它们能覆盖一部分事实，更可贵的是预见一些事实，但它们不能覆盖一切事实，当不可覆盖的事实增加到一定程度时，旧理论终于为新理论所替代。事实是这类理论的生命。理论命题、定律命题只有在获得事实支持后才获得存在权。如果一个理论最终获得了一切可观察命题的证实，我们便可以着手公理化了。

第二节　从公理化到形式化

在公理化的理论中，不存在三种层次的知识，一切命题被分成公理命题和定理命题。也许是理论已经与观察事实相符合，第一种观察陈述在这里没有对应物，人们关心的是从公理到定理的演绎，归约法趋于消失。

欧几里得《几何原本》是科学史上第一个采用公理化方法写成的不

朽之作，他天才地预设了五条几何公设，将前人积累的几百条定理组织成一门严谨的演绎理论，为后人所楷模。

从方法论方面来考察《几何原本》，其结构主要是两个序列。第一个是命题序列。后面的命题可以由前面的命题证明，而最前方是五条几何公设。《几何原本》中共产生了 467 个定理。第二个是词项序列。后面的词项总可以用前面的词项来定义，任何一个词项，只有在这个序列中有某一位置才能使用，最前方是点、线、面等词项。

科学家活动的结果产生某一个定理或知识，但是从总体上看，它们是一些未经整理的一盘散沙，公理化以后，本学科所有知识被排成一串有序序列，从而在叙述知识、传递知识、教学等方面极大地节省了人的劳动。在公理化的学科中，几条公理集中了本学科的全部知识，犹如原子核几乎集中了原子的全部重量一样。不同的公理系统往往表征不同的理论，这就为人们对整个理论的思考提供了手段。以往，人们对个别命题思考，其结果产生一条知识，公理化以后，人们可以对某一公理思考，其结果产生新的公理，新的学科。由于人们对欧几里得几何第五公设即“过一点可以作唯一直线平行于已知直线”的反复思考，最终发现它与前几条公设互相独立，于是把第五公设的否定与前四条结合在一起，构成了完全不同的罗巴切夫斯基几何，从而使经典几何进入到非经典几何。在此基础上，另一门非经典几何学即黎曼几何也随之产生。由欧氏几何到罗巴切夫斯基几何耗费了科学家两千年的劳动，由罗巴切夫斯基几何到黎曼几何仅仅间隔二三十年，创造新理论的时间极大地缩短了，人们已经能够在更高层次上进行思维了。

《几何原本》并不是公理化方法最完善的典范。其主要缺点是公理与定理之间不完全是逻辑关系，在用公理推导定理时，不单纯使用逻辑，往往还不自觉地引进了新的前提，这对于演绎科学来说是非常忌讳的。因为如果允许悄悄引进新的前提，那么定理就不是公理派生的。为了避免这种错误，途径只有一条，把需要的前提都详尽地列出来，变不自觉引进为自觉引进。1899 年，希尔伯特的《几何基础》完成了这一工作，它标志着公理化方法日趋完善。

《几何基础》将《几何原本》中五条公设和四条非几何公理完善为五组二十条公理，使一切几何定理变成了上述公理的逻辑产物。在推导中，再也不要依赖感性直觉和图形视觉，只要根据逻辑和公理，就能把几何定理一个接着一个地派生出来。换言之，全部几何知识储存于五组公理之中。但是，这样一来，《几何基础》中的点、线、面等基本概念在推导中就完全丧失了独立意义，虽然人们熟悉这些词，但在推导中不能把这种了解作为依据。犹如下棋那样，人们不能根据自己对“车马炮”的了解来下棋，只能依据象棋规则来移动棋子。

《几何基础》中的“点线面”不同于《几何原本》中的“点线面”，前者只是一些“无意义”的符号，人们关心的不是这些对象本身，而是这些对象间的由公理表达的关系。这就是所谓“隐定义”。《几何基础》中的基本词项的语法意义由五组公理制约，它们就是那些受公理管辖的一类东西；《几何基础》中的基本词项的语义内容则由解释决定，如果对它们能作两种解释，那么它们就有两种语义。

一般说来，公理系统总要研究一些对象、性质和关系，这些对象、性质和关系称为公理系统的论域。它们由初始概念来表达。《几何原本》的初始概念有点、线、面、之上、之间、叠合等，这些词项的意义唯一固定，因而《几何原本》只有一个论域，称为实质公理系统。《几何基础》的初始概念除了点、线、面、之上、之间、叠合，还增加了一些，由于这些词项可以作多种解释，因而《几何基础》有许多论域，称为形式公理系统。正因为形式系统具有两个以上的模型，所以它在认识论上具有更大的价值。

人类认识由直观到抽象和由抽象到直观两方面组成。当我们把一个论域上的知识公理化时，我们由直观到抽象，舍弃对象的内容仅仅保留其关系结构，从而有可能概括多个论域的逻辑结构；当我们为形式公理系统寻找解释和模型时,我们由抽象到直观。如果寻找到一种新的解释,那就绝不是获得一条知识,而是完成了对一个论域的认识。

从归约法到演绎法,事实陈述消失了;从实质公理到形式公理词项的意义消失了。系统中一切定理成了公理的逻辑产物,一个只懂逻辑词项涵义的人就有可能通过公理派生出其他一切"几何定理"。如果最后将逻辑词项的涵义"融化",我们就进入形式化系统了。

形式化方法对于我国逻辑学界已经不陌生了,但是要把这个方法解释清楚并不容易。

大体说来,一个形式化规则就是一种算法,就是一种能机械地实行的程序。各种不同的问题都有可能形式化地解决。

【例 9.2.1】 考察乘法规则的形式化。

为了计算 1 234×5 678,有两种不同的方法。第一种方法是先考虑 1 234 和 5 678 的涵义,考虑算法"×"的涵义,再计算 5 678 与 1 000 的乘积,再计算 5 678 与 200 的乘积,……,最后把各项相加。第二种方法是按照目前中小学生都了解的那种"乘法规则"进行运算。按照这种方法运算时,人们不考虑数字的涵义,不考虑"×"这个算法的涵义,也不考虑像"为什么要向左移一位"等问题,要紧的是按规则一步一步地计算。随着问题的复杂,人们越加只注意句法规则,而同时排除考虑"意义""理由"等等的干扰。

从本例可以看出,符号具有所谓本真意义和所谓操作意义。一个符号在语义上的所指,称为符号的本真意义;一个符号的句法规则,称为符号的操作意义。形式化方法即是实现操作意义与本真意义的转化,用操作符号的方法来代替本真意义的思考。

【例 9.2.2】 考察亚里士多德三段论规则。

为了考虑"所有科学家都是有贡献的,有人不是科学家,所以,有人是没有贡献的"是否正确,有两种方法。第一种方法是考虑上述三段论的前提和结论的本真意义,并且尽力思考其间的种种理由和联系,以便做出最后结论。第二种方法则根据五条规则(这里是大项“有贡献”在前提不周延,而在结论中周延),容易判别上述推理无效。在第二种方法中,人们根本不考虑上述三个命题的涵义,而是考虑“所有”“有些”“是”“不是”这些词的用法规则,并且根据简单程序就能轻而易举地做出正确答案。

本例表明,形式化的方法不仅适用于数学,也适用于非数学,数学并不是适于计算的本性本质,相反,数学只是便于形式化的一种语言。亚里士多德最早把形式化方法实施于非数学领域,莱布尼茨则提出了更庞大的计划和目标。

【例 9.2.3】 考察一种形式化的语言。

在命题演算和谓词演算中,我们都接触到形式化语言,为了说明问题,这里再作简要剖析。命题演算的语言是:

(1) p, q, r, …是语句,

(2) 若 A 是语句;则 $\neg A$ 是语句;

(3) 若 A, B 是语句,则 $A \vee B$ 是语句;

(4) 除此外都不是语句。

这个语言的特点是,没有涵义,只有操作意义;操作方法是简单机械的程序,根据这个程序可以检查任一符号串是否为一语句;这个语言在一定程度上反映了自然语言。

在例 9.2.1 和例 9.2.2 中,人们只看到形式化方法的效果,而看不到形式化前后的其他变化,但是不应当误认为形式化的前后是永远一致的。例 9.2.3 表明,形式化之前的语言与形式化之后的语言是不同的。这也可以看作是形式化所付出的代价。形式化之前的直觉和形式化之后的理论,两者究竟有多大差别、有多少联系,这只有实践之后才能知道。

本例还表明,形式化方法未必导致公理化。上述语言虽然是充分形式化的,但不是公理化的。一般来说,公理化所解决的是这样的问题:能否找到一种方法将凌乱无序的对象整理成有序整体?形式化方

法所解决的是下面这样一些问题：能否找到一种方法将某种心智过程程序化？乘法规则使乘法运算形式化了；微积分法则使求瞬时速度和不规则图形面积的计算形式化了；微积分法则使逻辑有效性的判别形式化了，每一种心智过程的形式化都给科学带来重大的进步。

能否找到一组算法将一切逻辑思维过程程序化？这便是逻辑形式化的课题。随着这个课题的解决，现在可以为任一逻辑思维过程编排出简单机械的程序。逻辑思维过程在逻辑形式化之前是瞬间一时完成的，但是在逻辑形式化之后，它们总呈现出每一步都可以实现的机械程序。在前面几章，我们已经看到了这一点，让我们再分析下面这个例子。

【例 9.2.4】 分析“盗是人也，所以，杀盗是杀人也”的逻辑程序。

1° $(\forall x)(S(x)\rightarrow p(x))$

2° $(\exists x)(R(a, x)\wedge S(x))$

3° $R(a, b)\wedge S(b)$

4° $S(b)\rightarrow p(b)$

5° $R(a, b)\wedge p(b)$

6° $(\exists x)(R(a, x)\wedge p(x))$

7° $(\exists x)(R(a, x)\wedge p(x))$

8° $(\exists x)(R(a, x)\wedge S(x)\rightarrow(\exists x)(R(a, x)\wedge p(x))$

由上可知，依据全称量词消去、命题演算规则、存在量词消去可将上述逻辑思维过程程序化。这个程序未必是人们心灵中发生的真实程序，事实上，人们心灵中的真实过程究竟是怎样的程序尚不清楚，但是人们可以用上述形式化程序来解释逻辑思维过程。由于谓词演算系统具有一致性和完全性，因而一切逻辑思维过程都存在诸如此类的程序。

有时人们确实对下述问题迷惑不解：形式化程序远离真实过程又何以如此奏效？理解这个问题的关键是要了解一种理论被形式化的过程。学过微积分概念发展史的人，对于微积分何以能有效地应用的疑问就少得多，了解数理逻辑发展史的人，对于逻辑形式化的神秘感也少得多。在形式化的逻辑中，被选为最基本的那些规则，如分离规则、全称消去规则、后件概括规则、前件存在规则、存在引入规则等等并不令人刮目相看，相反，它们为人类千百万次运用以致熟视无睹，令人吃惊的是，这些平凡规则组合在一起竟能完成如此巨大的形式化工程。在形式化的逻辑中，被选用的语言不是自然语言，而是特制的人工语言，这也为形式化的逻辑增添了神秘感，但是只要回想一下人工语言的产生过程，人工语言从语义到语法的抽象，又从语法到语义的解释，我们就会觉得这一切都是十分自然的。

第三节　公理化与形式化的交会

对《几何基础》这个系统的语言和推导规则实施形式化方法，就达到形式化系统了。形式化系统是公理方法和形式化方法的交会点。

形式化系统是一种特殊的公理系统。它的第一个特殊性是由语言形式化引起的。形式化系统中没有词项，只有特制的人工符号，没有语言，只有一串串符号的排列，但它们充当着语言的角色，从公理到定理都是这种符号排列。它的第二个特殊性是由逻辑形式化带来的。形式化系统中从公理到定理的生成过程不依据逻辑，仅仅依据所谓变形规则，诸如分离、代入、后件概括，等等。由于公理化的要求，系统中的词项是无意义的，就连“或者”“并且”“所有”“有些”等相应的符号也是无意义的，这就要求系统的“公理”足以刻画有关概念的一切性质。既然系统中一切符号是无意义的，人们凭什么认为一些符号串是有意义的语句，而另一些符号串则不是？这个依据便是所谓语言生成规则。任一公式是否为系统中语句，当且仅当它有一个生成过程，而这个过程可以机械地加以检查。人们又凭什么把一些公式接受为“定理”，而把另一些规为“非定理”？其依据就是上述变形规则。任一公式是系统中的定理，当且仅当它有一个生成过程，而这个过程可以机械地加以检查。

总之，人们按形式和规则来区分这些客体。把一些客体称为语言，把另一些客体称为非语言；把一些客体称为定理，把另一些客体称为非定理。

形式化系统虽然是“符号的天地”，但它不能处处都是无意义的符号。在《几何基础》中，逻辑常项是有意义的，人们依据它进行推导；在进一步的形式化系统中，变形规则是有意义的。人们依据它来“操作”符号，如果不理解这些规则，就无法对符号操作。即使将这些“变形规则”再形式化，也还存在支配这些操作的变形规则，因此，公理化、形式化的程度是相对的。

形式化系统虽然不依赖于符号的意义，但它不能始终是一个无意义的形式客体系统，它必须通过解释获得意义。命题演算系统、谓词演算系统在解释之下获得了“逻辑”的意义，并且由于它具有一致性和完全性，人们可以这样说，谓词演算系统正是刻画逻辑常项的极好方式。如果一个形式化系统除了句法意义而无任何本真意义，那么，这个形式化系统只具有游戏作用，因此任何逻辑、数学、物理、伦理学的形式化系统绝不是这一类系统。建立形式化系统的全过程应当是：先确定符号的意义；再将其抽象并构成形式化系统；最后再对它作解释。这就说明了形式化系统何以能完成任务的原因，说明了谓词演算这个无意义的系统何以能把无穷零乱的逻辑规律恰好组织成一个整体的理由。

现在，也许能更容易地理解，一个形式化体系应当包括如下四个要点。

第一，列出本学科的原始词项。一般说来，这些词项是人工特制的，以便运算；这些词项是最经济而又足够的，以便于既能产生出其他词项和句子又能节省公理和规则；这些词项既包括本学科特有的，又包括逻辑的。由于逻辑已经形式化，因而任何一门学科的形式化都能够以它为基础。

第二，列出由词项生成词项和词项生成语句的规则。这些规则必须是机械能行的,以便任何一个只具中等智力的人都能执行;这些规则必须是有限的,以便在有限步能检查一个公式是否为一个语句。

第三,列出本学科所需要的公理符号串,它包括本学科特有的公理和逻辑公理两部分。

第四,列出由公理生成定理的变形规则,这些规则是有涵义的、可理解的,以便指导人们从怎样的一个语句可以生成怎样的语句,不能生成怎样的语句;这些规则是机械能行的,并且是有限的,以便人们在有限步内能检查某一证明是否确实是一个证明。

按这种方式组成的理论称为形式化理论。它的两种规则——生成规则和变形规则,都是机械能行的;它的两种序列——语言序列和定理序列,都是形式客体。

在形式化体系中,要证明一个符号公式是本系统的定理,只需为这个公式构造一个序列,序列中每一个公式或是公理,或是前面公式按变形规则所生成的公式,而最后一公式恰是该公式。正如前面例题中所见,其过程是形式思维过程。形式思维有时是十分必要的,在复杂情形下,人们来不及思考"意义""理由",急需的是"操作规则";在另一些情形下,意义、理由等本真意义的思考会出现错误而必须求助于形式思维。但是逻辑形式化、数学形式化的根本目的不是用形式思维去代替直观思维,而是要证明"形式化究竟是否可能"。说得具体一些,对某一理论形式化是为了对这一理论的整体进行元理论的研究,是为了获得一致性、完全性和不完全性等元定理。在逻辑理论中,逻辑学家研究逻辑客体的性质,获得一个个逻辑定理;在数学理论中,数学家研究数学客体,获得一个个数学定理,但是如何能把逻辑理论本身作为研究对象呢?数学理论本身怎样能够作为数学研究的客体呢?就目前来看,途径只有一条:把这些理论组织成形式化体系,然后对该形式化体系作元理论的探讨。因此,我们将涉及三种不同的理论。第一种,未形式化的;第二种,形式化的;第三种,元理论。第二种理论由第一种理论形式化而来，但是既然“形式化”了，即使经过解释也不同于原来的理论；第三种理论以第二种理论为对象而与第一种理论无关。罗素和怀特海的主要贡献在第二种理论方面，在他们之前，主要是第一种理论，而在他们之后才发展了第三种理论，其中希尔伯特、哥德尔等人对元理论则有特殊贡献。元理论是关于形式体系整体性质的研究，它反映了人们对于第一种理论的某些方面已经完成了总体性的认识。

并不是每一种理论都能够形式化，就是像数学这样典型的演绎科学在形式化以后都不具有完全性。这一点被人们认为是形式化的局限性。其实，这正预告了形式化方法的范围和效用程度，它要求人们分清可形式化和不可形式化的界限；对于不可形式化理论要鉴别可形式化的方面和不可形式化的方面；对于可形式化的理论要注意不能在形式化理论与原理论之间画上等号。因此，在科学研究中，归约法、公理化方法、形式化方法是并存不悖的，不应当偏废偏兴某一种方法。

第十章
数理逻辑思想和方法的实践

数理逻辑是一门形式化科学，但是如果以为它只有操作意义而无本真意义，这就是极大的误会。数理逻辑是精确科学的一只眼睛，是研究数学和哲学问题的有力工具，也是研究各种应用逻辑的基本工具。可以说，没有应用，就没有逻辑，本章将举出其他方面的应用实例。

第一节　一场逻辑争论

让我们从几年前的一场逻辑争论说起。

我们假定下面这个经验命题是真实的：

如果某人骄傲，那么某人落后。

将这个命题再加上小前提："某人骄傲"，可以有效地推出"某人落后"。将这个经验命题加上另一小前提"某人落后"，当然不能有效地推出"某人骄傲"。换言之，下面这个推理是无效的：

如果某人骄傲，那么某人落后，

某人落后，

所以，某人骄傲。

对这些常识没有任何争论。争论是这样产生的：把上面这个推理的结论修改成"某人骄傲是可能的"，其形式是否有效？即下面(A)式是否有效：

(A) 如果某人骄傲，那么某人落后；

某人落后；

所以，某人骄傲是可能的。

相当一部分人是乐意接受(A)的，认为(A)的两个前提推不出“某人骄傲”，但推出“某人骄傲是可能的”应该是天经地义的，另一部人认为(A)不是一个有效推理，这就是关于一个新公式的争论的由来。

反对者提出的关键性理由是：检验一个推理的有效性，必须检验这个推理会不会出现前提真而结论假的情况。如果不会出现，那么推理有效，反之推理无效。人们能够检验“某人骄傲”是否真实，却不能检验“某人骄傲是可能的”是否真实。因此反对者认为(A)是一个无意义的公式。乐意接受(A)的人没有被难倒，而是巧妙地回答：(A)不是实然判断中的有效推理，但(A)是模态领域中的一个新公式。在模态领域里，一个公式是否有效，有别的标准，不能按实然推理的框框去套。例如，人们都承认从 p 推出 p 是有效公式。

这场争论是十分有益的，它把我们带到了一个崭新的天地。在传统的普遍逻辑里仅仅涉及模态词项“可能”“必然”的最粗浅介绍，如果通过这场争论把模态理论补充到逻辑教材中，这将是一大功绩。然而困难也就在这里，既然传统逻辑没有模态理论，人们又根据什么来讨论公式(A)是否有效呢？争论被迫停止，传统逻辑没有因此增加任何“新公式”，人们的思想中也没有排除任何错误。

利用数理逻辑推导公式，可以对公式(A)作深一步的讨论。

我们假定公式(A)有资格成为新领域中的一个有效公式，试看它会导出什么结果？

(A)作为一个推理公式，它具有如下形式：

如果 p，那么 q；

q；

所以，可能 p。

但是按数理逻辑推理规则，这相当于：

如果 p，那么 q；

所以，如果 q，那么可能 p。

又　　q；

所以，如果 p，那么 q。

按传递原理，得到：

所以，如果 q，那么可能 p。

由条件融合规则，最后这一公式又相当于：

q；

(B)　　所以，可能 p。

公式(B)是很可疑的。任何 q，都能推出 p 是可能的吗？让我们继续推下去。既然任何 q 都可以产生可能 p，运用代入规则，则有：

$\neg q$；

(C)　　所以，可能 p。

由此得：

不可能 p；

(D)　　所以，q。

联合(D)和(B)，得：

不可能 p；

(E)　　所以，可能 p。

(E)不受欢迎,因为它告诉人们:任何事情“不可能”意味着“可能”,从而“不可能”与“可能”就失去了任何意义。进一步推导,对于任何 p,都有:

可能 p。

模态命题被引进后,模态理论正是要说明它什么时候为真,什么时候不能为真,眼下,它任何时候都为真,自然失去研究价值。上述推导表明:人们如果接受(A),就要接受(B)和(E)等十分奇怪的公式,如果不想接受(B)和(E)等,那么拒斥(A)就不可避免。

许多逻辑工作者之所以乐意接受(A)是受下述直观驱使:如果某人骄傲,那么某人落后;某人落后;所以,某人可能骄傲。这不是每一个正常人的思维方法吗?有人把这个直观想法作了如下理论化的说明:当(A)的第一个前提为真、第二个前提为真时,其结论“某人骄傲”这个判断能够取到真值,从而“可能 p”为真,因此公式(A)有效。这是一个容易迷惑人的证明,但它是一个错误的证明。细心考察这个“证明”,可以发现,这只证明了(A)的两个前提与“某人骄傲”具有“相容”关系;“相容”与“推导”大相径庭。“窗外苍蝇嗡嗡飞”与“明年发生世界大战”是相容的,在“窗外苍蝇嗡嗡飞”为真时,“明年发生世界大战”不必为真,也不必为假,但不能由此得出结论:“窗外苍蝇嗡嗡飞,所以明年发生世界大战。”现在问题清楚了:按推导理论,我们应拒斥(A);按直观,误把“相容”当“推导”,我们接受(A)。

第二节　关于三段论的本质

三段论是一个老题目。然而,对于三段论的本质,谈论的人就很少了。任意一组词项 S、M、p 可以组成 256 个三段论,其中 24 个有效式,232 个无效式,这是逻辑常识。但是,我们进一步问:24 个有效式的共同特征是什么?232 个无效式有没有共同特征?如果有,这个共同特征是什么？利用数理逻辑可以对此作出初步回答。

首先，我们采用两种不同的划分标准，对256个三段论进行划分。其一，对有效与无效作出定义：凡能举出S、M、p一个实例，使得两个前提真、而结论假的，称为无效三段论；否则称为有效三段论。这样，我们把三段论分成两边，一边是能应用实例排斥的，另一边是不能用实例来排斥的。其二，按传统逻辑中的五条规则，把不符合五条规则的放在一边，把符合五条规则的放在另一边。结果，这两种划分完全重合，一边是24个，另一边是232个。这就表明：256个三段论中有24个有效式，232个无效式，而有效与无效的判别法是五条规则。我国有些教材在讲述三段论规则时，不提"五条规则"，有的提四条，有的提六条、七条，把导出规则和基本规则混在一起，这是不妥的。

第二步，我们将在此基础上探索有效与无效的本质。

我们先假设下面三段论是有效的：

　　　　所有M是P；

(r)　　所有S是M；

所以，　所有S是P。

然后再证明其余23个有效式都可以化归为(r)，或被(r)所蕴涵。整个化归工作分成三种情形。

第一种情形：有14个与(r)是等价三段论（连同(r)共15个）。例如，$AII_{(1)}$化归过程如下：

在命题逻辑中有：(p并且q)则r，它等值于：(p并且$\neg r$)则$\neg q$；于是有下列各等价式：

所有M是$P(MAP)$；

有S是$M(SIM)$；

所以，有S是$P(SIP)$。

等价于：

所有 M 是 P；
所有 S 不是 P；
所以，所有 S 不是 M。

又等价于：

所有 M 是 P；
所有 P 不是 S；
所以，所有 S 不是 M。

又等价于：

所有 P 是非 S；
所有 M 是 P；
所以，所有 M 是非 S。

这最后一式恰是(r)，窥一斑，见全貌，其余 13 个等价式的化归过程基本相同。

第二种情形：结论较弱的从属三段论，例如 $AII_{(1)}$ 的化归过程如下：

在命题逻辑中，如果第二个蕴涵第三个；而第一个蕴涵第二个；那么第一个蕴涵第三个。于是下面推导成立：

所有 M 是 P(MAP)；
所有 S 是 M(SAM)；
所以，所有 S 是 P(SAP)。

又：

所有 S 是 P，则有 S 是 P；

可得

所有 M 是 $P(MAP)$；

所有 S 是 $M(SAM)$；

所以，有 S 是 $P(SIP)$。

第三种情形：条件较强的三段论，例如：$EAO_{(3)}$ 的化归过程如下。

在命题逻辑中有蕴涵三段论规则，利用它可得下面等价于蕴涵关系。

$$MEP\text{；}MEP\text{；}$$

$$(r)\qquad \overset{\text{等价}}{\Leftrightarrow}\frac{MIS}{SOP}\overset{\text{蕴涵}}{\Rightarrow}\frac{MAS}{SOP}$$

当着两个前提全称，而结论特称时，它是一个三段论结论较弱或是条件较强的弱式。这样的弱式共有 9 个，加上 15 个等价式，共 24 个有效式。其中 23 个有效性完全化归为(r)的有效式。系统地完成这一工作后，人们获得一个深刻的印象：三段论的本质在于包含关系的传递性。因为(r)的有效性正是"包含"关系的传递性的一个刻画。在我们没有亲身实践这一过程时，这个认识若明若暗，但在系统地完成这一过程后，这个认识就坚如磐石了。

接着，我们必须探索余下的 232 个无效式的共同本质。传统逻辑只能回答这些无效式不完全符合五条规则，可以用实例排斥，但其间有无共同本质，无法得到说明。经过实践，我们发现其中的 229 个都可划归为两个否定前提所导致的结论。

例如：MAP、SAM/SOP。

$$MAP\text{；}ME\overline{P}\text{；}\overline{P}EM\text{；}$$

由于：
$$\frac{SAM}{SOP}\overset{\text{等价}}{\Leftrightarrow}\frac{SAM}{SOP}\overset{\text{等价}}{\Leftrightarrow}\frac{SE\overline{P}}{SOM}$$

（$\overline{P}$表示非 P，下同）

这表明，$AAO_{(1)}$ 与一个带有两个否定前提的三段论等价，如果它有效，将导致两个否定前提得出某结论也是有效的。

再如：PAM、SEM/SIP。

由于：

$$MEP；MEP；$$

$$\frac{SEM}{SIP}\overset{\text{等价}}{\Leftrightarrow}\frac{SEP}{POM}$$

这表明 $AEI_{(2)}$ 与一个由两个否定前提所组成的三段论等价。上面两个例子都是违反了质的规则的无效式，对于其他情形的无效式，是否也可以如此化归呢？

考虑 MAP、MAS/SAP。

很明显，这个无效式没有违反“质”的规则，但违反了周延的规则，它是否也可以化归为两个否定前提所组成的三段论？回答是肯定的。其过程如下：

$$MAP；ME\overline{P}；ME\overline{P}；ME\overline{P}；$$

$$\frac{MAS}{SAP}\overset{\text{等价}}{\Leftrightarrow}\frac{ME\overline{S}}{SEP}\overset{\text{等价}}{\Leftrightarrow}\frac{ME\overline{S}}{PES}\overset{\text{等价}}{\Leftrightarrow}\frac{ME\overline{S}}{PA\overline{S}}$$

用这种方式只能发现 229 个无效式的共同本质，另外还有 3 个无效式例外，它们是：

$$PAM；\qquad PAM；\qquad POM；$$

$$\frac{MAS}{SOP}；\qquad \frac{MAS}{SAP}；\qquad \frac{MAS}{SOP}；$$

但是借用卢卡西维茨《亚里士多德三段论》中的排斥想法，可以证明：如果上述三段论有效，将会引导出两个否定前提得出结论竟是有效的结果。

这一工作，使我们获得另一个更重要的认识：232 个无效式存在一个共同特征，即都可化归为两个否定前提得出某结论的三段论。而两个否定前提相结合是不符合传递性原理的。把它与前面的结果合在一起则有：凡是有效的，都符合传递性原理；凡是无效的，都不符合传递性原理。这是多么简洁明了的体系，256个式分成两边，一边是符合传递性原理；另一边不符合传递性原理；前者称之有效；后者谓之无效，其判别法是五条规则。

表面的现象似乎并非如此，例如 PIM、MAS/SIP 是有效三段论，但是这难道是什么包含关系的传递性吗？是的，利用数理逻辑，能够看出上述三段论正是包含关系的传递性的表现。因为，PIM 并且 $MAS \rightarrow SIP$，等价于 SEP 并且 $MAS \rightarrow PEM$，等价于 $SA\overline{P}$ 并且 $MAS \rightarrow MA\overline{P}$。在这里，数理逻辑发挥了望远镜和显微镜的作用，它帮助我们透过现象看本质。可以直观地看出 PIM 并且 $MAS \rightarrow SIP$ 符合传递性原理。既然有些 P 是 M(PIM)则可找到一个 G，使得 G 是 P 与 M 的公共部分，这样，对于 G 而言，便有所有 G 是 M，所有 M 是 S，故所有 G 是 S；又 G 在 S 中，G 在 P 中，固有 S 是 P。亚里士多德正是用这个方法来论证某些式的有效性的，在《工具论》中，它被称为显示法。显示法充分证明亚里士多德对于他所创立的三段论的本质有着深刻了解。后人只有充分认识三段论的本质，才有可能发展三段论。著名的逻辑学家德摩根看出了三段论的有效性并不在于“是”有什么魔力，而在于“是”其中的传递性。如果把“是”换成另一个具有传递性的关系，推理同样有效。最普通的一个实例是：$a>b$；$b>c$；所以，$a>c$。这个推理有效全在于关系“$>$”具有传递性。但是它已经不是三段论了，逻辑越出了三段论的界限，越出旧界限的基础是对旧事物的深刻认识。但是靠什么来认识旧逻辑？肉眼的作用是有限的，新的工具——数理逻辑将是我们的工具之一。我们没有考证德摩根是怎样认识这一本质的，但是凭着数理逻辑，人们都能达到这一认识。

第三节　摹状词理论的要点

利用数理逻辑分析哲学问题始于弗雷格和罗素，为维也纳学派继承、为蒯因发挥。这里将介绍每书必谈的摹状词理论的要点。

“飞马”这个词原指神话中的缪斯的飞马，象征诗的灵感。但是飞马存在吗？

人们会不假思索地回答：“飞马不存在。”

粗粗看来，这似乎是天经地义。可是，稍稍思考麻烦就来了。如果“飞马不存在”是千真万确的，那么你的回答只是在谈论一个不存在的东西。谈论一个不存在的东西是红的或是绿的当然是无意义的，谈论一个“不存在”是不存在的同样是无意义的。这就是古老的难以解决的柏拉图非存在之谜，蒯因轻蔑地称之为“柏拉图的胡须”。

哲学家拿出第一个方案。既然“飞马不存在”不能自圆其说，这就证明了飞马存在。哲学家许诺在宇宙的某处暗室里珍藏着飞马，如果任何空间中都不存在飞马，那么“飞马”这个词的意义何来之有？

然而，飞马一旦存在，人们就要好奇地追问它的细节，它是胖还是瘦？是红还是白？哲学家答道：“飞马不过是心中的一个观念。”这真是少见的混乱。人们要讨论的是宇宙中是否存在飞马，而不是头脑中一个虚幻的观念存在。一般说来，柏拉图和关于柏拉图的观念是不会混淆的，人们不会把用手摸得着的与用手摸不着的混淆起来；不会把具有时空意义的存在与不具时空意义的幻想混淆起来，但我们面前的这为哲学家宁愿混乱，也不愿说“飞马不存在”。

哲学家给出第二方案。他们先承认飞马不存在，以免说“飞马存在”的奇特错误；后又补充道，飞马在现实中不存在，但它是一种潜在的存在，可能的存在，以最终赋予“飞马”一词的意义。很明显，这是第一方案的修改。逻辑矛盾避免了，但是宇宙膨胀了。宇宙中不仅有现实的存在，还有潜在的和可能的存在。这种潜在的和可能的事物究竟是什么？潜在的英雄有功吗？可能的强盗有罪吗？可能的男人是男人吗？

这个方案即使对付得了“飞马”，也对付不了“又圆又方的桌子”。

“又圆又方的桌子存在吗?”不存在现实的又圆又方的桌子，可能的又圆又方的桌子存在吗?

上述两种方案坚守着一个古老的观念：词项与本体论的存在有着某种对应，一个词项只有与宇宙中的某事物发生联系时它才有意义，即使不与现实的事物联系，也要与可能的、潜在的事物相联系。一句话，非存在必定有某种存在。这些哲学家没有注意到在意义与命名之间有着重大差别。而弗雷格则把这道鸿沟看得特别清楚，关于“晨星”和“昏星”是他所举的有名的例子。“晨星”是天体上一个大球体的名字，“昏星”也是天体上一个大球体的名字，经过长期的观察，人们终于发现：这两个不同的名字指的是同一个球体。即是“晨星是昏星”。这个历史事实告诉人们：词项有不同的意义。如果“晨星”和“昏星”的意义相同，那么人们就不必经过长期观察才认识“晨星是昏星”这个真理，只要通过思考就能完成这一认识。两个语词所命名的对象是同一个但涵义不同，这就表明意义与命名之不同。命名必须先有被命名的对象，而意义则与对象无关。罗素在这个理论的基础上建立了摹状词理论。这就是逻辑学家兼哲学家的第三个方案。

第三种方案的基本思想是不给“飞马”这个语词赋予本体论的意义，而是对它作语言分析。摹状词理论直接运用于“《威弗利》作者”“又圆又方的桌子”等短语，其基本要点如下：

(1) 不把“《威弗利》作者”看成不可分解的个体词，以免把它和逻辑专名混淆，把意义与命名混淆。

(2) 用一些语句来解释“《威弗利》作者”“《威弗利》作者”在这些相关的语句中已经不出现，但它的意义得到了充分的解释。

(3) 与“《威弗利》作者”相关的语句采用量词语言来表达，犹如当初我们翻译“马头”这个语词所做的那样。

这样，“《威弗利》作者是诗人”被翻译成：

有一个客体 x，x 写了《威弗利》，并且 x 是诗人；并且对于任意 y，

如果 y 写了《威弗利》又是诗人，则 y 就是 x。

“又圆又方的桌子是红色的”被翻译成：

有一个客体 x，x 是圆的，x 是方的，x 是桌子，x 是红色的，并且没有别的客体是又圆、又方的红色桌子。

最后的附加句是为了强调“《威弗利》作者”或“又圆又方的桌子”的唯一性。

这些翻译句有两个明显的特点：

第一，语句中不含有“《威弗利》作者”完整部分，因而这些语句不要求人们预设一个对象存在为前提，曾经要求摹状短语承担的客观所指现在由逻辑上的约束变项承担了。这些“存在一个客体”“任意一个客体”只要求有一个论域，并不是某事物的名字。

第二，语句虽不含有“《威弗利》”作者的完整部分，也不要预设一个相应的对象存在，但是对“《威弗利》作者”的涵义做了充分的解释，这就从根本上提出了解决问题的途径。

就摹状短语而言，我们要说它们存在或不存在已经没有困难了。例如“《威弗利》作者存在”可翻译为：“有一个客体 x，x 写了《威弗利》，并且对于任何客体 y，如果 y 写了《威弗利》，则 y 就是 x。”相应地，“《威弗利》作者不存在”可翻译为：“不存在客体 x，x 写了《威弗利》并且对于任何客体 y，如果 y 写了《威弗利》，则 y 就是 x。”用量词语言表达，这两句分别由如下形式：

$$(\exists x)(R(x, a) \wedge (\forall y)R(y, a) \to y = x);$$

$$\neg(\exists x)(R(x, a) \wedge (\forall y)R(y, a) \to y = x)。$$

在这些表达式中，人们不再为表述“存在”或“不存在”而犯愁了，不再陷入自相矛盾了；不再为寻找一个在宇宙中根本没有的东西而煞费苦心了。

怎样将摹状词理论运用于“飞马”呢？这一表面上的名字实际上可

以分析为缩写的摹状词，例如用“被科林斯勇士柏勒洛丰捕获的那匹有翼的马”这样的短语来代替“飞马”，然后就可以毫无困难地按罗素的方法说“飞马存在”或“飞马不存在”。

这个理论的进步在于，原来人们认为除非“某某存在”，就不能说“某某不存在”，现在人们能自如地说“某某存在”或“某某不存在”。当人们说“存在一个体 x，x 写《威弗利》”时，人们确实许诺了在宇宙中有某某存在；当人们说“《威弗利》作者不存在”或“不存在 x，x 写《威弗利》，并且没有别人写《威弗利》”时，人们并没有在宇宙中作过什么许诺。总之，“柏拉图的胡须”终于被人们刮掉了。

罗素的摹状词理论还解决了另一些难题。

设有如下两个命题：

(A) 现存的法国国王是秃顶；

(B) 现存的法国国王不是秃顶。

按排中律，(A)与(B)必有一真，但是在秃顶中找不到现存的法国国王，在非秃顶中也找不到现存的法国国王。

如果把“现存的法国国王”作为摹状词，并用罗素方法加以表达，那么(A)与(B)就不是互相矛盾的两个命题，从而不必有一真，即使两个命题均假，也与排中律这个古老的信念无关。

虽然关于摹状词理论本身还有许多疑义和不同看法，但是这个理论的进步方面以及为哲学和逻辑带来的别开生面的论题是不容忽视的。

后　记

《数理逻辑的思想和方法》早在 1991 年就问世了(复旦大学出版社),它和我相伴 30 年,自然感情深厚,也得到了广大读者的广泛好评。2023 年下半年,复旦大学哲学学院和上海人民出版社共同协商将本书再次出版。然而 2022 年 2 月,我的双眼在一周内逐渐模糊至盲,不能阅读、不能写作。幸好林胜强教授热情帮助,多方联络,切实做好本书出版的必要工作;同时对本书的前言和第一张的部分内容做了补充和润色,让本书更具时代特色。李晟教授为本书补充了哥德尔不完全定理的较为严格、规范的证明,弥补了原作的不足。四川师范大学的两位老师坦言,在有限时间内从学术上超越原作很难做到,但是我们也尽心尽力了。他们的品格、作风令我动容。图书的价值在于有人愿意看它、读它。是谁延长了本书的生命,我将终身感谢。更要感谢的是上海人民出版社为本书的出版所作的贡献,在此谨致谢忱。

昂　扬

于 2023 年 12 月 14 日

“日月光华·哲学书系”书目

第一辑

01 《马克思早期思想的逻辑发展》 吴晓明 著

02 《熊十力的新唯识论与胡塞尔的现象学》 张庆熊 著

03 《思想的转型——理学发生过程研究》 徐洪兴 著

04 《阳明后学研究》(增订本) 吴震 著

05 《罗蒂与普特南：新实用主义的两座丰碑》 陈亚军 著

06 《从启蒙到唯物史观》 邹诗鹏 著

第二辑

07 《实践与自由》 俞吾金 著

08 《马克思主义经济哲学及其当代意义》 余源培 著

09 《西方哲学论集》 黄颂杰 著

10 《现代西方哲学纲要》 张汝伦 著

11 《差等秩序与公道世界——荀子思想研究》 东方朔 著

12 《孟子性善论研究》(再修订版) 杨泽波 著

第三辑

13 《资本与历史唯物主义——〈资本论〉及其手稿当代解读》 孙承叔 著

14 《中国哲学论文集》 李定生 著

15 《焦循儒学思想与易学研究》 陈居渊 著

16 《承认·正义·伦理——实践哲学语境中的霍耐特政治伦理学》 王凤才 著

17 《科学技术哲学论集》 陈其荣 著

18 《唯物论者何以言规范——一项从分析形而上学到信息技术哲学的多视角考察》 徐英瑾 著

第四辑

19 《潘富恩自选集》 潘富恩著

20 《休谟思想研究》 阎吉达著

21 《理性、生命与世界——汪堂家文选》 汪堂家 著 吴猛编

22 《从理论到实践——科学实践哲学初探》 黄翔 ［墨西哥］塞奇奥·马丁内斯 著

23 《不丧斯文：周秦之变德性政治论微》 李若晖 著

24 《心智的秘密：论心智的来源、结构与功能》 佘碧平 著

第五辑

25 《第三只眼睛看世纪之交的中国佛教——王雷泉文集》 王雷泉 著

26 《卡尔·拉纳宗教思想研究》 王新生 著

27 《礼仪之力：社会人类学的新视角》 ［法］魏明德 著 孟庆雅 等译

28 《数理逻辑的思想和方法》 昂扬 编著 林胜强 李晟 修订

图书在版编目(CIP)数据

数理逻辑的思想和方法/昂扬编著;林胜强,李晟
修订.—上海:上海人民出版社,2024
(日月光华.哲学书系)
ISBN 978-7-208-18720-7

Ⅰ.①数… Ⅱ.①昂… ②林… ③李… Ⅲ.①数理逻
辑-研究 Ⅳ.①O141

中国国家版本馆 CIP 数据核字(2023)第 251290 号

责任编辑 赵 伟 任健敏
封面设计 小阳工作室

日月光华·哲学书系
数理逻辑的思想和方法
昂 扬 编著
林胜强 李 晟 修订

出 版 上海人民出版社
(201101 上海市闵行区号景路 159 弄 C 座)
发 行 上海人民出版社发行中心
印 刷 上海盛通时代印刷有限公司
开 本 720×1000 1/16
印 张 16.75
插 页 6
字 数 213,000
版 次 2024 年 1 月第 1 版
印 次 2024 年 1 月第 1 次印刷
ISBN 978-7-208-18720-7/B·1731
定 价 98.00 元